中等职业学校中餐烹饪与营养膳食专业教材

烹饪工艺美术

（第二版）

刘雪峰　夏　琳　滕家华◎主编

中国轻工业出版社

图书在版编目（CIP）数据

烹饪工艺美术 / 刘雪峰，夏琳，滕家华主编. —2版. —北京：中国轻工业出版社，2025.2

中等职业学校中餐烹饪与营养膳食专业教材

ISBN 978-7-5184-2639-3

Ⅰ. ①烹… Ⅱ. ①刘… ②夏… ③滕… Ⅲ. ①烹饪艺术—中等专业学校—教材 Ⅳ. ①TS972.11

中国版本图书馆CIP数据核字（2019）第206437号

责任编辑：方　晓　　责任终审：劳国强　　整体设计：锋尚设计

策划编辑：史祖福　　责任校对：吴大朋　　责任监印：张　可

出版发行：中国轻工业出版社（北京鲁谷东街5号，邮编：100040）

印　　刷：三河市万龙印装有限公司

经　　销：各地新华书店

版　　次：2025年2月第2版第6次印刷

开　　本：787×1092　1/16　印张：8

字　　数：164千字

书　　号：ISBN 978-7-5184-2639-3　定价：36.00元

邮购电话：010-85119873

发行电话：010-85119832　010-85119912

网　　址：http://www.chlip.com.cn

Email：club@chlip.com.cn

250157J3C206ZBW

本书编委会

主　编　刘雪峰　夏　琳　滕家华

副主编　王　蕾　宋　旭　季　飞

编　委　郝庆良　黄金波　刘明彦　王　妮
　　　　蔺圣翠

《烹饪工艺美术》是烹饪专业的一门主要课程，有较强的理论知识性和实践操作性，涉及色彩、图案、造型以及烹饪菜点的综合运用等，是餐饮业从业人员必不可少的一门应用型课程。

改革开放40多年来，随着物质生活的不断提高，人类和社会不但需要烹饪，更需要用艺术的方法去对烹饪进行丰富、美化与提高，可以说烹饪工艺美术贯穿于烹饪实践的全过程，宴席设计、菜点制作、食品雕刻与烹饪工艺美术知识有着十分密切的联系。正确认识理解烹饪工艺美术的艺术观，并在实践中合理地运用，是当前烹饪工作者亟须解决的重大课题。

在烹饪教学与实践的过程中，在不断探索美学与烹饪有机结合的基础上编写了《烹饪工艺美术》一书，旨在研究、提倡、推广烹饪造型的艺术规律，提高烹饪工作者的审美观。本书对烹饪造型艺术规律作了理论性探索，对菜点造型的原料配制加工和美学风格作了说明，图文并茂，理论与实践相结合。按照教学大纲和教学计划的要求，在教材中注意循序渐进，做到深入浅出，难易适中，具有较强的前瞻性、新颖性、实用性。

本书由山东省城市服务技术学院刘雪峰、夏琳和烟台工贸技师学院滕家华担任主编；烟台港城中学王蕾、山东省城市服务技术学院宋旭和张家港市第二职业高级中学季飞担任副主编；山东省城市服务技术学院郝庆良、黄金波、刘明彦、王妮、蔺圣翠参与编写。

本书编写过程中，参考和借鉴了有关书籍和资料，同时得到了烹饪专业老师与行业前辈与同事的支持和帮助，在此致以衷心感谢。

由于编者水平所限，错漏之处在所难免，恳请广大读者批评指正。

编　者

2022年5月

第一版前言 PREFACE

我国实行改革开放以来，人民的生活水平发生了根本性的变化。人们的饮食活动不再局限于果腹充饥，而是在满足人体生理需要的基础上，还要满足人的精神需求。于是，烹饪工艺美术应运而生。它以烹饪中美的规律和人的烹饪审美活动为研究对象，以烹饪活动中美的创造、人的审美意识与文化背景之间的关系为研究内容，来揭示烹饪造型美、色彩美、装饰美的本质特征，是一门综合性较强的边缘学科。

烹饪工艺美术理论研究和实践已经走过了三十多年的历程，积累了丰富的成果。许多专家、学者对该学科的建设做出了积极贡献，出版了很多相关专著。这些著作各具特色，对传播烹饪工艺美术知识发挥了重要作用。但是，如何编撰一本适合于我国中等职业院校学生使用的烹饪工艺美术教材，尚有一些需要研究和解决的问题。本书根据2010年8月中国轻工业出版社中等职业教育烹饪专业“十二五”规划教材杭州研讨会的精神，将该书重点放在学科体系、内容体系、结构体系的创新上，编写形式以模块方式为主，每个模块都有知识目标和能力目标，并以知识导读来引导学生解决问题，使烹饪工艺美术理论知识既通俗易懂，又体现学以致用，具有较强的前瞻性、新颖性和实用性。

本书由山东省城市服务技术学院刘雪峰、烟台市第三中学王淑云担任主编，四川烹饪高等专科学校辛松林、山东省城市服务技术学院吕伟琳、原静担任副主编，烟台市牟平区第二职业中等专业学校董英乐，山东省城市服务技术学院夏琳、黄金波、董英乐、宋英、李荣、沈玉宝、李伟参与编写。书中图片由苗永、丛军、王亮制作、拍摄。全书由刘雪峰统稿。

本书编写过程中参阅了大量文献资料，借此机会，对相关资料作者表示诚挚的谢意。

本书编写过程中得到了中国轻工业出版社、山东省城市服务技术学院和四川烹饪高等专科学校的大力支持，中国烹饪协会专家委员会委员曹成章教授在百忙中抽时间审阅了全部书稿，并提出了重要修改意见，在此一并致谢。

由于编写时间仓促和作者水平所限，书中不当之处在所难免，恳请有关专家同行不吝赐教，以便再版时修改订正，使之日臻完善。

编　者

2012年2月

第1章 烹饪色彩

◎ 知识目标

1. 了解色彩产生的基本原理。
2. 了解色彩的三要素：色相、明度、纯度及其关系。
3. 深刻理解色彩的冷暖色性、色彩的调和，掌握色彩搭配规律。
4. 掌握色彩的表现力：快慢感、重量感、胀缩、软硬感、强弱感等。
5. 了解色彩的感觉与象征意义。
6. 了解色彩写生和烹饪实践的关系。
7. 了解餐厅色彩和光照。
8. 了解餐厅装饰与色彩应用。

◎ 能力目标

1. 掌握好色彩的冷暖色性、色彩的调和，并能在烹饪实践中具体运用。
2. 掌握烹饪实践中常用的色彩搭配规律。用色彩去表现快慢感、重量感、胀缩感、软硬感、强弱感等。
3. 针对性地进行各种色彩搭配练习，培养艺术思维能力，提高审美水平。

◎ 知识导读

色彩是绘画学中的重要学科。人类对色彩的应用已有了相当长的历史，随着现代社会的飞速发展，表现手法不断呈现多样化，给学习色彩提出了更高的要求。

色彩运用是造型艺术的主要手段之一，也是一切造型艺术的基础。色彩在设计中不仅能通过色相、明度、纯度等有效传达产品的品质，还能利用色彩心理、色彩情感等创作优秀的烹饪作品。

第一节 色彩基础知识

我们生活在五彩缤纷的色彩世界里，自然界的物象千姿百态，都具有一定的色彩。黄色的土壤、绿色的树林、红色的血液、蓝色的海洋……不同颜色的各种物质，组成了这五彩缤纷的大千世界。当我们面对蓝天白云、草原羊群、原野山花、金黄的麦田、苍郁的群山、白色翻滚的江海、青砖红瓦的屋宇……是否想过是什么赋予了这大自然五颜六色的美丽色彩。

色彩是自然界客观存在的物质，是光的一种表现形式。光通常指照射在物体上，使人能看见物体的那种物质，它照亮了黑暗中的一切，使色彩遍布整个世界。白天，我们能看到五光十色的物象，而漆黑无光的夜晚就什么也看不见了。如果有人造光的照射，我们仍能看到物象及其色彩，这便证明一条规律：没有光就没有颜色。

光赋予了物体色彩，色彩也就具有了光的力量，这不仅仅体现在视觉上，还体现在心理和情感上，这使得我们必须从自然、印象、表现、结构等诸方面对色彩进行认识与研究。

一、色彩的产生

在没有光照的状态下，我们看不到周边物象的形态和色彩。在同一种光线的条件下，我们会看到同一种景物具有各种不同的颜色，这是由于物象的表面具有不同的吸收光、反射光的能力，观察到的色彩也就不同。因此，色彩的产生，是光对人的视觉和大脑发生作用的结果，是一种视知觉。由此可见，“有光才有色，无光便无色”。

光源有两种：一种是自然光，如阳光、月光；一种是人造光，如灯光、火光、烛光等。

太阳光在三棱镜下分离成色彩光谱，即红、橙、黄、绿、青、蓝、紫。如果用聚光镜将它们加以聚合，这些色彩的汇集就会重新变成白色。物体上的色彩是光赋予的，由于物体本身的性质，一部分色光被吸收；一部分色光被反射，反射的色光就是我们看到的物体颜色。如黄瓜是“绿”色的，这是由于阳光中的红、橙、黄、青、蓝、紫都被吸收了，只有绿色被反射出来。以此类推，黑色物体就是把各种色光全部吸收，而白色的物体则是把各种色光完全反射。

二、色彩的三要素

1. 色相

色相（图1–1），即色彩的相貌和特征。如红、橙、黄、绿、青、蓝、紫等。

图 1-1　色相

（1）　　（2）　　（3）

图 1-2　纯度

2. 纯度

纯度［图1–2（1）］，是指色彩的纯净程度，也称为色彩的饱和度。原色是纯度最高的色彩。颜色混合的次数越多，纯度越低，反之，纯度则越高。纯度越高，色彩就越鲜艳；纯度越低，色彩就越灰暗。当达到饱和状态时，就是这种色彩的标准色。物体本身的色彩，也有纯度高低之分。例如鲜红的草莓［图1–2（2）］与浅粉色的苹果［图1–2（3）］相比，草莓的纯度高些，苹果纯度低些。

3. 明度

明度（图1–3），是指色彩的明亮程度。色彩的明度变化有许多种，一是不同色相之间的明度变化，如：白比黄亮、黄比橙亮、橙比红亮、红比紫亮、紫比黑亮；二是在某种颜色中加白色，亮度就会逐渐提高，加黑色，亮度就会变暗；三是相同的颜色，因光线照射的强弱不同也会产生不同的明度。

自然界中的颜色可以分为无彩色和彩色两大类。无彩色指黑色、白色和各种深浅不一的灰色，而其他所有颜色都属于彩色。无彩色中，白色的明度最高，黑色的明度最低。彩色中，黄色的明度最高，仅次于白色；紫色的明度最低，仅次于黑色。

图 1-3 明度

色彩从最深的黑色到最亮的白色，可以分为11个等明度色阶，形成一个明度色阶序列。白为10度，黑为0度。最暗的色阶为0至3度为低调色。灰色阶段4至6度为中调色。最亮的色阶7至10度为高调色。

三、色彩的认识

1. 三原色

标准色中的红、黄、蓝被称为三原色（图1–4），这是三种纯度最高的颜色，利用这三种颜色可以调配出任何一种色彩，但是三原色是其它任何色彩都调配不出来的。

2. 间色

间色（图1–5），是由两种原色混合产生的。例如：红加黄为橙；黄加蓝为绿；蓝加红为紫。

3. 复色

复色（图1–6），是由两个间色混合而成。例如：橙加绿为黄灰色，橙加紫为红灰色。

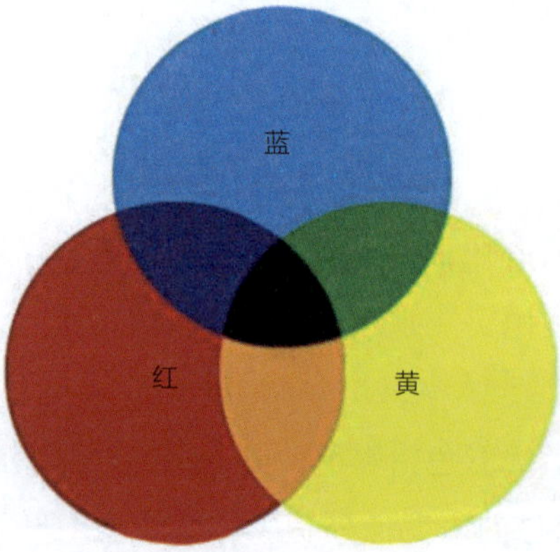

图 1-4 三原色

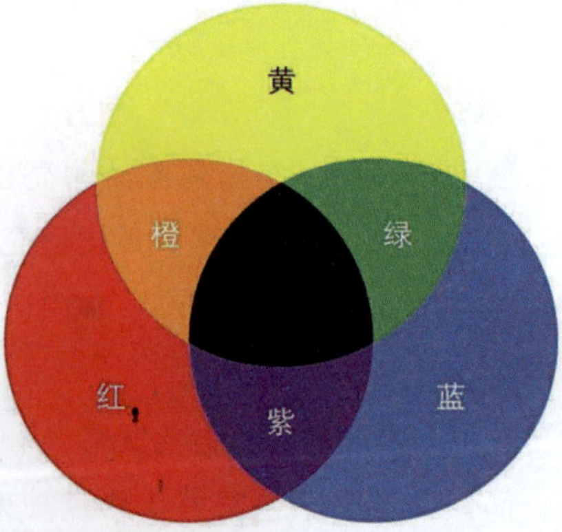

图 1-5 间色

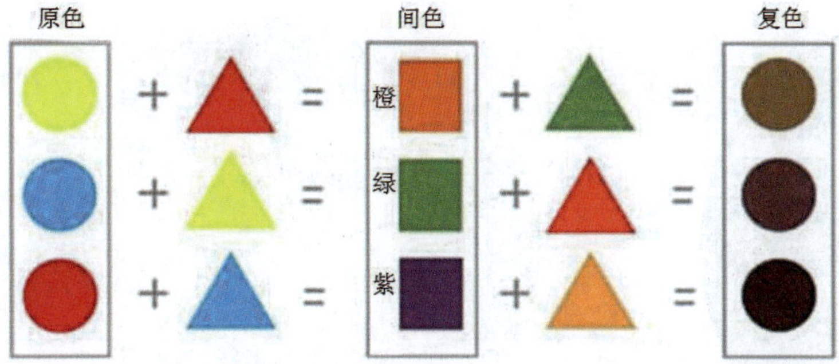

图 1-6　复色

图 1-7　补色

4. 补色

凡是两种色彩混合起来，能够成为黑色，这两种色彩就互为补色（图1-7）。红与绿互为补色，黄与紫互为补色，蓝和橙互为补色。

色相在色相环上距离180度左右的色彩搭配，处于色相环的两极，是最强烈的对比，称其为补色对比。

以红和绿，黄和紫，蓝和橘最为典型，对比适度会使人感到兴奋、激动；对比不当则令人眼花缭乱。对比色具有饱满、活跃、紧张、力量的特性，表现出幼稚、原始、粗犷的美感。由于对比色双方对立，容易产生不协调、不含蓄、不安定的效果，所以使用对比色难度较大，不易和谐统一，往往通过调整明度，纯度或面积、位置来获取统一感。

5. 同类色

同类色（图1-8），指色相相同或相近，而明度、纯度不同的色彩。色相距离在15度以内的色彩搭配属同一色系的不同倾向，称为同类色对比。如深蓝色与天蓝色；红色与朱红、橘黄等便是典型的同类色搭配。由于其色相十分近似，色调容易和谐统一，具有单纯、柔和、高雅、文静、朴实和融洽的效果。

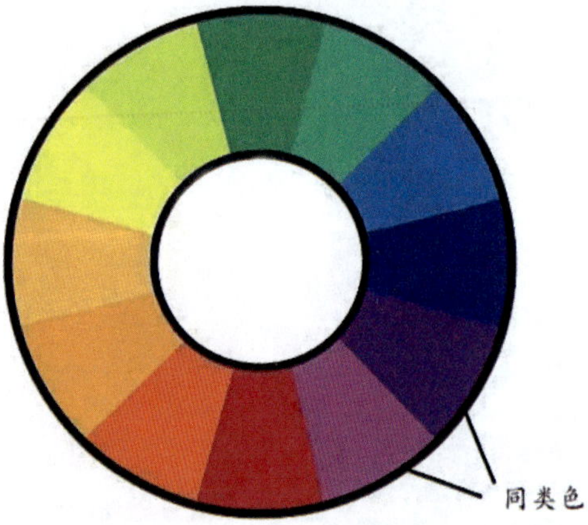

图 1-8　同类色

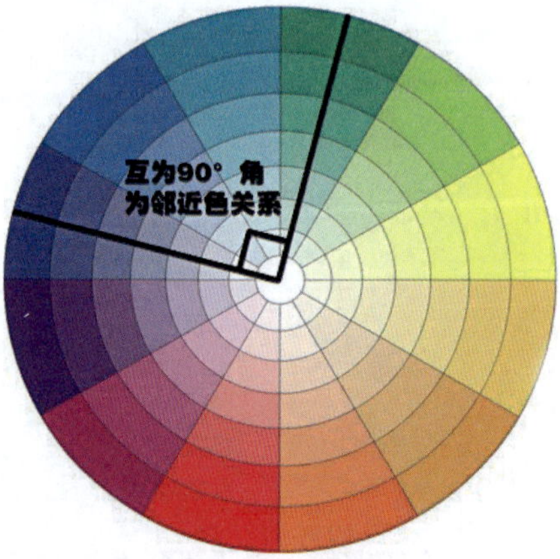

图 1-9　邻近色

6. 邻近色

邻近色（图1–9），是指在色环上90度范围内的色彩组合，如：红、红紫和紫；黄、黄绿和绿等色彩的搭配就是典型的邻近色搭配。

色相在色相环上距离在15～60度的色彩搭配，称为邻近对比。两色间既有共性也有个性。例如红与紫的对比，相同的是红色，不同的是红中无蓝。邻近色对比的色感较鲜明，特征突出，既富有变化，又易和谐统一，有丰富的情感表现力，适合人们视觉和心理上对色相的需求。邻近色是最容易搭配，最易出对比效果的。

7. 色彩的冷暖

色彩可以感染人的情绪，引发联想，产生特定的知觉。

红、橙、黄色常常使人联想到旭日东升和燃烧的火焰，因此有温暖的感觉；蓝青色常常使人联想到大海、晴空、阴影，因此有寒冷的感觉。可以说，凡是带红、橙、黄的色调都带暖感；凡是带蓝、青的色调都带冷感（图1–10）。

色彩的冷暖与明度、纯度也有关，如图1–11。

高明度的色一般有冷感，低明度的色一般有暖感。无彩色系中白色有冷感，黑色有暖感。例如，我们可以根据季节的变化调整室内装饰品和服饰的颜色。即使很多人并不知道什么是暖色与冷色，但却可以感觉到不同颜色的温度差，从而更好地调节自身的温度。

高纯度的色一般有暖感，低纯度的色一般有冷感。与深蓝色相比，浅蓝色看上去更凉爽；与粉红色相比，红色看上去更温暖。

冷色与暖色在心理上的感觉还与个人成长环境和经验有关。比如，在冰天雪地的北方长大的人，看到冷色会联想到冰雪，因而他们看到冷色会感觉更冷。而在热带岛屿成长的人，看到冷色很难意识到寒冷，这是因为他们基本上没有过寒冷的感觉。在热带，即使是海

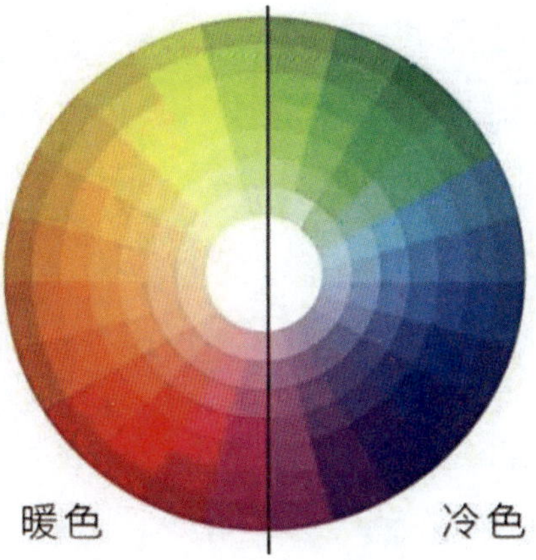

图 1-10　色彩的冷暖

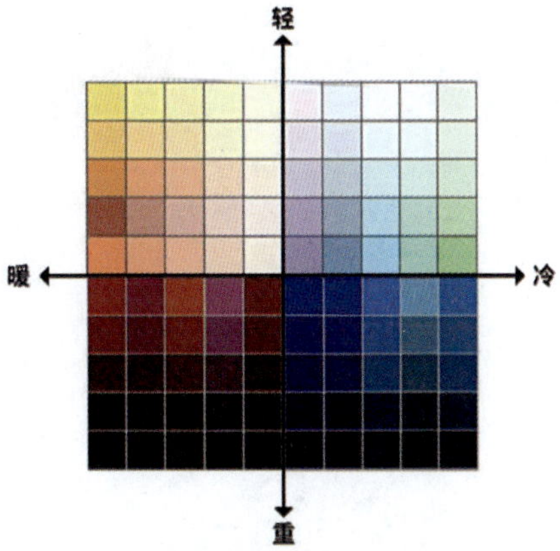

图 1-11　色彩的冷暖与明度、纯度的关系

水给人的感觉也是温热的。因此，想知道某个人对冷色或暖色的感觉，必须首先了解他的成长环境。

8. 色调

色调（图1-12）是一组色彩中表达出来的色彩倾向，色调如同音乐中的主旋律，具有非常重要的综合表现力。例如“糖醋黄花鱼”中，红色芡汁和挂糊炸制后的黄花鱼组合，呈现出热烈的色调，“扒鱼脯”中绿色和白色结合，表现出清爽明快的色调。

在菜肴的制作过程中，“意境”的表现几乎都是通过色调来达到的。

一般来说，纯色明确、艳丽，容易引起视觉兴奋，色彩的心理效应明显。含灰色等中纯度基调丰满、柔和、沉静，能使视觉持久注视，低纯基调比较单调，容易使人产生联想。纯度对比过强时，则会出现生硬、杂乱、刺激、炫目等感觉；纯度对比不足，则会造成粉、脏、灰、黑、闷、火、单调、软弱、含混等毛病。当然，过多用低纯度灰色会显得贫弱无力。

图 1-12　色调

第二节　色彩的表现力

色彩的表现力可以理解为色彩的心理。

一、色彩的快慢感

色彩具有不可思议的神奇魔力，它可以使人的时间感发生混淆，给人的感觉带来巨大的影响。如同样吃饭，快餐店不适合等人，快餐店给我们的印象一般是座位很多，效率很高，顾客吃完就走，不会停留很长时间。这是因为很多快餐店的装潢以橘黄色或红色为主，这两种颜色虽然有使人心情愉悦、兴奋以及增进食欲的作用，但也会使人感觉时间漫长。如果在这样的环境中等人，会越来越烦躁。色调偏冷的咖啡馆是比较适合约会、等人的场所。客人在那样的环境下坐一下午也不会觉得时间很漫长，相信大家都有这样的感觉。

二、色彩的轻重感

色彩的轻重感一般由明度决定。高明度具有轻感，低明度具有重感。如白色、黄色容易产生飘浮、上升、敏捷、灵活的感觉；黑色、紫色易使人产生沉重、稳定、降落的感觉。

三、色彩的胀缩感

暖色和明度高的颜色，例如朱红、米色、淡黄色等，会有膨胀的作用；而冷色和明度低的颜色，如深蓝色、深绿色等，则会有收缩的作用。

四、色彩的软硬感

色彩软硬感与明度、纯度有关。凡明度较高的含灰色系具有软感，凡明度较低的含灰色系具有硬感；纯度越高越具有硬感，纯度越低越具有软感；强对比色调具有硬感，弱对比色调具有软感（如图1–13）。

图 1–13　色彩的软硬感

图 1-14　色彩的强弱感

五、色彩的强弱感

高纯度色有强感，低纯度色有弱感；有彩色系比无彩色系有强感，有彩色系以红色为最强；对比度大的具有强感，对比度低的有弱感。即底深图亮则强，底亮图暗也强；底深图不亮和底亮图不暗则有弱感（图1-14）。

六、色彩的明快感与忧郁感

色彩明快感、忧郁感与纯度有关，明度高而鲜艳的色具有明快感，深暗而混浊的色具有忧郁感；低明基调的配色易产生忧郁感，高明基调的配色易产生明快感；强对比色调有明快感，弱对比色调具有忧郁感。

七、色彩的兴奋感与沉静感

色彩的兴奋感、沉静感与色相、明度、纯度都有关，其中纯度的作用最为明显。在色相方面，凡是偏红、橙的暖色系具有兴奋感，凡属蓝、青的冷色系具有沉静感；在明度方面，明度高的色具有兴奋感，明度低的色具有沉静感；在纯度方面，纯度高的色具有兴奋感，纯度低的色具有沉静感。因此，暖色系中明度最高纯度也最高的色兴奋感最强，冷色系中明度低且纯度低的色最有沉静感。强对比的色调具有兴奋感，弱对比的色调具有沉静感。

八、色彩的华丽感与朴素感

色彩的华丽感、朴素感与纯度关系最大，其次是与明度有关。凡是鲜艳而明亮的色具有华丽感，凡是浑浊而深暗的颜色具有朴素感。有彩色系具有华丽感，无彩色系具有朴素感。运用色相对比的配色具有华丽感。其中补色最为华丽。强对比色调具有华丽感，弱对比色调具有朴素感。

第三节 色彩的感觉与象征意义

色彩是大自然中最神奇的现象。颜色，不仅装饰了地球、宇宙；颜色，同时也给予我们人类无限生机，无穷快乐！而且其用途也越来越广泛。每一种色彩都具有象征意义，会影响人们的心理与生理活动。如：红色象征热情，令人情绪高涨；蓝色象征平静、冷静。这些影响总是在不知不觉中发生作用，左右我们的情绪。

随着人们生活水平的提高，日常穿的衣服不仅要能保暖，而且要漂亮；人们饮食也不再只局限于温饱，而要求色、香、味俱全，不仅要好吃，而且要好看。因此，如何给消费者提供舒适的环境，让客人感到菜品色、香、味俱佳，成为一门新的课题，色彩的调配成为重要手段之一。

菜点色彩是我们认识和评价菜点的视觉要素和感官质量指标。因而，在烹饪过程中对菜点颜色实行调配，这对实现预定的菜品色彩目标状态，有着重要的意义。菜点色彩的调配，是烹饪工作者有目的地积极介入烹饪菜点色彩应用的能动过程，是对菜点色彩在烹饪过程中有可能发生的变化，有一定的预知，并且在烹饪过程中实施有效的调控。调控的结果必须是菜点色彩表现形式与内在本质的统一，是主观愿望和目标状态的统一，这也是调配的根本目的所在。

各种颜色中，鲜艳的色彩都有增进食欲的效果，令人看了胃口大开、食欲大振。水果的红色和橙色、蔬菜的绿色、红烧肉的酱色等让人看了就有垂涎欲滴的感觉。

食欲与颜色的关系是主观的，这与一个人以前的经验有很大的关系。如果以前吃某一种颜色的食物时有过不愉快的经历，也许以后再看到这个颜色的食物时，就会感到反感。因此，可以唤起食欲的颜色，其前提条件是这种颜色可以让人联想到某种可口的食物，红色和橙色比较容易让人联想到美味的食物，因而是最具开胃效果的颜色，而紫色和黄绿色等则是最能抑制食欲的颜色。

要想唤起食欲，食物的颜色固然重要，但餐厅的颜色与照明同样不可忽视，并且，盛食物器皿的颜色也很重要。在很多国家，制作餐具器皿被当作一门艺术，很多匠人的色彩感非常强，制作的餐具器皿也非常出色。盛食物的器皿以白色居多，这是因为白色可以更好地突出食物颜色的缘故 。此外，黑色餐具器皿也得到了比较广泛的应用。这是因为黑色可以和食物的颜色产生强烈的对比 ，从而更加突出食物颜色。

第四节　色彩在烹饪过程中的变化

烹饪是一门视觉与味觉相结合的艺术，只有“色、香、味、形、质、意”达到完美的结合，才能凸显出烹饪的独特魅力。味道、香气和质地是菜肴、食品的内在品质，色彩和造型则可以看作是菜肴食品的外在形式。其中色彩因其具有极为丰富的视觉表现力而对于烹饪艺术具有很重要的意义，讲究色彩美是烹饪的基本要求。烹饪色彩是烹饪工艺美术的组成部分，对于烹饪色彩的学习和掌握是提高烹饪技能的基本要求。

一、烹饪色彩的心理效应

人们对于菜肴外观的感受主要通过两个方面来生成：色彩的感情和联想。当看到不同色彩的菜肴，我们的大脑中就会浮现出不同的画面。例如：

白色：清净、素雅；

黑色：庄重、严肃；

灰色：沉静、雅致；

红色：热情、奔放；

亮粉色、奶油色：天真、可爱；

橙色：温暖、欢快；

黄色：明快、活泼；

绿色：青春、自然；

蓝色：含蓄、深沉；

紫色：高贵、典雅。

正是因为色彩能够激发人的这些联想，才使得艺术具有丰富的表现力。另外，当色彩带上光泽后，会呈现出华美的特色。比如很多糖艺作品因为其中所含有的空气改变了光的折射，迸发出光泽，显得耀眼夺目。

菜肴的形式美由两部分组成：色和形。

（一）色

颜色对菜肴的作用主要有两个方面，一是增进食欲；二是视觉上的欣赏。

1. 白色

白色是烹饪中常用的色泽，也是不少原料加热后的本色，本色总是一种很受人欢迎的颜色。白色给人以洁净、清淡、软嫩的感觉。

不少动物性原料在成熟后的自然色泽是白色，这种白色是鲜嫩的表现。白色还表示清淡，相当一部分的热炒都是白色的。在夏天人们一般喜欢吃浅色和白色的菜肴，因为白色的菜肴相对要清淡些。

2. 红色

红色的最大特点是能够激发食欲。正因如此，红色也是与菜肴的味道关系十分密切的颜色。红色能给人强烈、鲜明、浓厚的感觉，还能给人一种快感、兴奋感。自然界中很多烹饪原料本身是红色的，红色是成熟和味美的标志。还有相当一部分原料烹调后呈现出悦目的红色或接近红色。

3. 黄色

黄色在增进食欲方面仅次于红色。特别对金黄色来说，是一种颇受欢迎的食物颜色，能够诱发人的食欲。不少食物包括主食都是黄色或金黄色的，如各种面粉制作的烘烤或油炸制品都呈天然的金黄色，这是一种令人愉快而温暖的颜色。

黄色能给人以软嫩、松脆、干香、清新的味觉感受。象牙色同样是接近黄色的色泽，很多菜肴呈现出象牙色，是为了避免给人过于淡薄的感觉，因此在烹调时要适当放点酱油或酱色。

4. 绿色

绿色同样是一种使人愉快的颜色。很多蔬菜的天然色泽是绿色。绿色的菜肴能给人清新、鲜嫩、淡雅、明快的感觉。在烹制绿色的菜肴时，要尽可能保持天然的绿色，避免成为黄绿色。

5. 褐色

褐色是红茶、咖啡、巧克力等的本色，能给人带来芳香、浓郁、沉稳的感觉。在菜肴中，褐色一般是为了加重味感，干烧、炸煎、熏烤类的菜肴大都呈褐色，如香酥鸭、熏鱼、烤鸭、干烧鱼等。

以上是菜肴食品呈现的主要颜色。除了绿色外，大部分都属于暖色。总之，暖色更容易引起人的食欲，更能体现出受人欢迎的美味，更能调动味觉审美中的兴奋感。相比之下，黑色、蓝色、紫色等冷色不太受人欢迎，这是因为自然界的食物中很少有这些颜色。在长期的饮食实践中就形成了人们对食物颜色的心理倾向。

（1）鲜明与和谐　鲜明是指在菜肴的配色上运用对比的方法，形成色彩上的反差，也就是所谓的“逆色”。口诀是“青不配青，红不配红”。在嫩白的鱼丝中缀上大红的辣椒丝或者黑色的木耳，在红色的樱桃肉四周围上碧绿的豆苗，都是为了使菜肴的色彩感更加鲜明生动。民间的“豆花”虽然是十分简单的小吃，但在色彩的运用上却达到了完美无缺的地步，雪白的豆花里，加上翠绿的葱末、红色的辣椒、黄色的虾皮、紫色的紫菜和褐色的酱油等，不仅色彩鲜明悦目，而且五味俱全，给人艺术的享受。

和谐是指菜肴的色彩和谐统一，也就是配菜时运用“顺色”，将相近颜色的原辅料配在一起，来达到菜肴整体色彩上的协调雅致。例如：“银芽鸡丝”中的绿豆芽和鸡丝，“蜜汁火方”中的蜜枣和火腿等。“顺色”的菜肴在色彩上不张扬、不浮华，给人含蓄、沉稳、和谐的感觉。

（2）主色和附色　主色是指菜肴色彩上的基本色。画家钱松岩说：“五彩彰施，必有主色，以一色为主，而它色附之。”在烹饪中，一般以主料的颜色为基调，再以配料的颜色作为点缀、衬托。辅料的色就是附色。附色不能喧宾夺主，应以衬托主色为目的。如“青椒鸡片”中的青椒，“鸡火菜心”中的鸡丝和火腿丝等，量不能过多，否则就掩盖了主色，体现不出这道菜肴的主色调。

（3）单色和跳色　有些菜肴利用原料或调料的颜色，不配其它颜色，成为单一的色，如大红、翠绿、橘黄、乳白等。这些单一的颜色一方面能给人简洁大方的感觉，另一方面能以较大较有分量的色块，造成一种跳跃的色彩效果，给人以较强烈明快的感觉。如清炒山药。

在追求单色和跳色的视觉效果时，要注意菜肴之间色彩的交叉和配合，尽可能将不同色彩的菜肴交替上席，避免色彩上的单调和沉闷，只有这样才能充分体现色彩“跳”的效果，使人感到颜色的丰富多彩。

（二）形

菜肴形式美的另一个要素是形。形包括原料本身的形态、成品的造型等。

原料的形态，主要是指刀工处理后的形状。如块、片、条、段、丝、丁、粒、末、蓉等一般形状和花刀处理后的形状。刀工处理主要是为了烹调的要求，但与此同时也形成了不同的原料形态，这对于美化菜肴起到一定作用。原料加工后形状一般要求整齐划一，经花刀处理的原料要求刀距均匀、深浅一致，受热后，才能形成各种美丽的形状，增添菜肴的形式美。

最能体现菜肴形式美的是各种造型菜。如花色造型冷盘、花色造型热菜和各种花色点心等。

冷盘在拼摆中特别注重形式的美化，不少冷盘在制作中还借鉴工艺美术的创作手法把雕刻等手段运用到冷盘制作中，成为造型冷盘。这些工艺型的冷盘色彩绚丽，造型生动，给人带来更多的视觉美感。如：冷盘“荷塘月色”“雄鹰展翅”“锦鸡报晓”。

还有很多讲究形式美的热菜，如冬瓜盅、凤尾虾、蝴蝶海参、松鼠鳜鱼等。相对来说，这些造型菜肴比过分装饰的冷盘菜要有意义得多，它们的造型同色、香、味充分融合在一起，不仅好吃也更加美观。

在制作这类造型菜肴时，不能只注重形式，而要注重整体风格的一致性。一是造型设计要合理，不能勉强凑合；二是不能影响甚至破坏整个菜肴的口味质量，要尽可能服从和补充菜肴的口味。

总之，对菜肴形式美的追求，不是孤立的，应该立足于菜肴的整体要求，立足于提高菜肴的质量档次，把形式同菜肴内容紧密结合起来。这样的形式美才称得上是烹饪艺术的基本要素，而不是游离于烹饪艺术之外的附加物。

（三）色彩的知觉

1. 色彩的对比

例如“红花配绿叶”，红绿对比，红的更红，绿的更绿，这是补色对比。

例如在拼摆“公鸡”花色拼盘时，为了突出公鸡的鲜艳，往往利用红色的胡萝卜拼摆成鸡冠，用绿色的海带拼摆成尾巴进行对比。

补色搭配具有强烈、鲜明等特点，但是也容易产生不协调、花哨、凌乱等现象，所以一定要恰当地使用。另外还可以考虑邻近色相对比，这种对比效果很弱，显得单调，需要增加色彩的明度或纯度变化来丰富色彩。

2. 色彩的味觉

在日常生活中，人们通过不同菜肴的色彩，会产生不同的味觉感受。例如“芙蓉鸡片”“滑炒肉丝”“扒鱼脯”等经典鲁菜通过主体所体现出的白色，让人产生清淡、软嫩的感觉；“樱桃肉”“茄汁鱼”主体所呈现的红色，体现出味道的厚重与甜美等。

（1）红色　红色是最能让人兴奋，激起人食欲的颜色。如“东坡肉”“红烧肉”“红烧鱼”等通过红色激起人的食欲；再如川菜中的“水煮鱼”，洁白的鱼肉被大片红色辣椒包裹，让人垂涎三尺。在很多菜肴制作过程中，人们通过红色原料的点缀来画龙点睛，激起人们对食物的热爱。

（2）橙色　橙子、胡萝卜、柿子等都是橙色的；橙色非常“抢眼”，所以不宜大面积地使用。在菜肴的装饰及制作中只是少量的使用就能提高整体的美观度。

（3）黄色　黄色的明度最高，所以对人的感官刺激非常强烈。在制作裱花蛋糕时，淋上大面积的具有柠檬味道的黄色果酱，会让人难以抵挡美味的诱惑。如果想制作出给人以活泼、干净感觉的菜肴，黄色是首选。

（4）绿色　绿色很容易给人新鲜、清爽的感受，所以在制作较为油腻的传统菜肴时，往往需要加绿色进行点缀。例如：“九转大肠”制作完毕后要撒点翠绿的香菜末，让人感觉清新。“香菇油菜”中褐色的香菇和绿色的油菜进行搭配，就脱离了呆板的感觉。

（5）紫色　紫色给人以高贵典雅的感觉，紫菜、葡萄、茄子、桑椹、紫薯等常用来丰富菜品的色彩，起到调和色彩的作用，给人以稳重的感觉，提高菜品的档次。

（6）金色　炸制或者烤制类食品很多都呈现金色，例如“炸蛎黄”“香酥鸡”“烤全羊”“烤面包”等。金黄与酥脆，金黄与美味经常会被联系到一起。

（7）白色　白色给人以清爽、爽快的感觉。例如“清炒山药”“百合虾仁”等。

（8）黑色　在所有色彩中，白色给人的感觉最轻，黑色给人的感觉最重。

黑色和白色两色可以调和形成各种深浅不同的灰色。按照一定的变化规律，由白色渐变到浅灰、中灰、深灰过渡到黑色，色彩学上把它称为黑白系列或无彩系列。黑白系列中由白到黑的变化，可以用一条垂直轴表示，一端为白，末端为黑，中间有各种过渡的灰色。纯白是理想的完全反射物体，纯黑是理想的完全吸收物体，在现实生活中并不存在纯白与纯黑的物体。

二、烹饪色彩的配合

在烹饪的过程中，一道菜中经常会用到几种甚至十几种的原料，为了让菜肴更具艺术感，我们必须善于利用原料的不同色彩进行配合，从而让人产生美的感受。原料色彩的配合是有一定规律可循的。

1. 同类色的配合

这是指同一色相中，明度不同的色彩的配合，例如红色、大红色、浅红色的配合。譬如说在制作凉菜艺术拼盘中，就可以利用红色的心里美萝卜、胡萝卜的同种色配合来进行设计和制作。同种色的配合会给人高度统一的感觉，但是处理得不好就会产生单调、普通的感觉，必须通过改变明度或纯度来达到理想的效果。

2. 类似色的配合

这是指临近色相的配合，例如蓝色、蓝紫色和紫色的配合。类似色的配合比较协调，但是色彩不丰富。

3. 对比色的配合

这是指对比色之间的配合。运用合适，色彩夺目；运用不合适，会显得特别土气。

第五节 餐厅的色彩和光照

就餐环境的色彩配置，对人们的就餐心理影响很大。一是食物的色彩能影响人的食欲，二是餐厅环境的色彩也能影响人们就餐时的情绪。餐厅的色彩因个人爱好和性格不同而有较大差异。但总的说来，餐厅色彩宜以明朗轻快的色调为主，最适合用的是橙色以及相同色相的同类色。明朗轻快的色调不但能增进就餐者的兴致，刺激食欲，而且还能营造一种温馨甜蜜的氛围。在不同的时间、季节及心理状态下，人们对色彩的感受会有所变化，这时，可利用灯光来调节室内色彩以烘托气氛，以达到利于饮食的目的。

家具颜色较深时，可通过明快清新的淡色或蓝白、绿白、红白相间的桌布来衬托。桌面配以白色餐具，灯具可选用白炽灯，经反光罩以柔和的橙光映照室内或餐桌，形成橙黄色环境，使人产生温暖的感觉。

餐厅光线由照射的方式不同而分为整体光线和区域光线。照射大堂内所有区域的光线是整体光线。而照射个别区域的光线为区域光线，例如餐台、吧台、操作间等，区域光线常用的光源是色光、烛光等。

色调是风格、氛围中可以看得见的重要因素，用以创造各种心境。不同的色调对人的心理和行为有不同的影响。色调由色彩和强度两部分组成。色彩即各种颜色，不同的颜色对人的心境有不同的影响。白色让人安宁，黄色使人兴奋，绿色代表和平，蓝色令人轻松，红色使人振奋等。

不论采用何种光源或照射方式，光线的强度是最根本的影响因素，同时，光线强度对顾客的就餐时间也有影响。据心理测试，暗淡的光线会延长顾客的就餐时间，明亮的光线则会加快顾客的就餐速度。

在实际应用中，应根据经营的目的确定餐厅的色调。如希望顾客延长就餐时间，要选用安静、悠闲、柔和的色调；如要提高顾客的流动率，就要使用刺激、活跃、对比强烈的色调。

除此之外，一般应当确定餐厅的主色调。主色调确定后，可以用其他的颜色作为配合，同时应防止喧宾夺主。大堂内的色调构成主要取决于墙面、地面、吊顶、窗帘、家具、台布、灯光等，除要表达特殊目的外，应以清新淡雅为主，不宜过深。

第六节 餐厅装饰与色彩应用

一、功能化餐饮的种类

现代主题餐饮种类很多。对餐饮酒店进行装饰设计时，要先了解其经营主题和特色。餐厅装饰应该有针对性，要重视其功能。常见的酒店经营模式有以下几种。

特色主题餐厅模式：重视口味、彰显特色，高端商务、政务接待的场所（如图1-15）。

社交主题餐厅模式：主要是酒店里的大堂吧、咖啡厅、茶馆等，是社交聚会与商务约会的重要场所（如图1-16）。

休闲主题餐厅模式：主要是酒店里的露天餐厅、烧烤区、生态餐厅等，是典型的休闲餐厅（如图1-17）。

图1-15 特色主题餐厅模式

餐饮娱乐主题模式：餐厅既是饮食场所又具有娱乐功能。宾客在饮食的同时又达到了娱乐的目的（如图1-18）。

图1-16 社交主题餐厅模式

图1-17 休闲主题餐厅模式

图 1-18　餐饮娱乐主题模式

二、酒店餐厅的设计理念要有时代感

现代餐饮要始终以消费顾客的体验为核心，以适应时代潮流为理念，在既突出餐饮主题和特色的同时，又能够满足快节奏社会中客人对酒店餐厅“舒适完善”“有档次”等心理需求。因此装饰设计要体现 “完美舒适即是豪华”这一理念，通过巧妙的几何造型、主体色彩的运用和照明烘托，营造出简洁、明快、亮丽的装饰风格和方便、舒适、快捷的经营主题，并突出舒适感和人性化的设计理念。

餐馆色彩艺术的运用是一门综合性的学科，它没有固定的模式。因为具有极强的实用性，餐馆色彩设计应与其功能、顾客的心理需求、餐馆所提供的产品紧密结合在一起。但餐馆的色彩设计是否成功，主要在于是否能正确运用各种色彩间的关系。装修时，主色调要服从整体的装修风格，色彩的使用上，宜采用暖色系，因为从色彩心理学上来讲，暖色有利于促进食欲，这也就是为什么很多餐厅采用黄、红系列的原因。我们可以采用一些相近色调，这样更容易使空间的整体效果统一起来。

餐厅装修的颜色搭配也讲究相互呼应，一切要以整体的和谐为主要目的。我们在配色的时候要选择那些令人感觉舒适的颜色，为消费者营造出一个良好的环境。

首先要确定餐馆卖场总体的色彩基调，然后再针对卖场的不同区域功能设定搭配的色调。处理色彩的关系一般是根据“大调和，小对比”的基本原则。即大的色块间强调协调，小的色块与大的色块间讲究对比。在总体上应强调协调，但也要有重点地突出对比，起到画龙点睛的作用。而且还应注意的是，建筑色彩讲究色相宜简不宜繁，彩度宜淡不宜浓，明度宜明不宜暗。所以，在餐馆卖场的色彩选用与搭配上也要遵循此法，主要色调不宜超过三色。

1．色彩搭配对于餐厅设计的重要性

（1）感官吸引力　众所周知，人类根据五种感觉——视觉、听觉、嗅觉、触觉、味觉产生不同的心理作用。无论是购买意向，还是商品选择、购买行为等，都受这五种感觉左右。在餐饮业，视觉占60%、味觉占15%、嗅觉占10%。由此可知，餐厅的色彩选择和搭配对于菜点销售的重要性。

（2）情感作用　色彩的良好搭配，能给人以美妙的色彩环境及富有诗意的气氛，而失败的色彩搭配将会使整个环境变得不适。因此，色彩是强化促销所不可或缺的重要因素。色彩的使用上，宜采用暖色系，因为从色彩心理学上来讲，暖色有利于促进食欲，这也就是为什么很多餐厅采用黄、红系列的原因。

（3）丰富造型　色彩还具有丰富造型的作用。在对墙面进行装饰时，鲜明的色块、图案可使墙面形象生动、丰富，在装饰材料不变的条件下，取得良好的效果。

2．餐馆环境同类色的搭配组合

同类色是典型的调和色，搭配效果为简洁明净、单纯大方。餐厅采用这样的色彩搭配有利于消除顾客的疲劳感，使顾客在用餐的同时能尽快恢复精力，达到休憩的目的。但是同类色组合也容易产生沉闷、单调感，所以在此基础上配以对比色的装饰、摆件或陈设物的点缀，并且注意在色相与冷暖等方面与基调相对照，虽然所占的色块不大，但会产生明显的效果，使整个空间增添生动活泼的气氛。

3．餐馆环境邻近色的搭配组合

邻近色的搭配比同类色搭配更富有层次和变化，在饭店与餐馆中应用较广。运用邻近色的一般规律是利用一两个色距较近的浅色作为背景，形成色彩的协调感，再用一两个色距较远、彩度较高的色彩装点餐桌、餐椅及陈设，形成重点，以取得主次分明、过渡自然的结果，营造赏心悦目的效果。

4．餐馆环境对比色的搭配组合

对比色搭配对比强烈，具有鲜明、活泼、跳跃的视觉效果，在中式餐厅此类配色方法应用较多。如：红绿相配的色彩能提高顾客的流动率，红色桌面配以墨绿椅面，黄色沙发配以紫色靠垫等，都会给人很强的视觉冲击。

对比配色还能突出商品，如在饮料酒水台的周围运用柠檬色或粉红色，能使顾客联想到又酸又甜的味道，产生购买冲动。但是，如果运用大面积的对比色，并且色彩的明度、纯度较高，对比色的组数过多时，就很容易造成对视觉的过度刺激，使顾客对环境产生对抗心理。所以，在进行对比色搭配时，对比色所占面积应有一定的比例，即明显的主次之分。古人所指的“万绿丛中一点红”，很好地说明了色彩的主次面积和主次分明关系。

在应用对比色进行搭配时，还应注意对比色之间应彼此交错、渗透。不能使对比色成为均分面积，成为独立区域。例如，如果餐馆是以紫色的地毯配以大面积的黄色桌布及窗帘，那将会大大影响该餐馆的回头率。

在应用对比色进行搭配时，还应适当采用中和色加以调和，会收到理想效果。例如，采用黑色、灰色、白色、金色或银色等，穿插于对比色中，就会减少对比色对视觉造成的强烈冲击，使餐馆的整个色彩环境变得生动而不失调和，活泼而不失稳重。

5．餐馆卖场环境有彩色与无彩色的搭配组合

有彩色产生活跃的效果，无彩色产生平稳的感觉。这两种色彩搭配在一起，将会取得很好的效果。黑色代表庄重大方，白色代表明亮纯净，黑色与白色作为两种主要的无彩色，应用范围很广。它们的合成色灰色由于与其他色彩相互组合时，既能表现差异又不互相排斥，具有极大的随和性，所以也被频繁地用于色彩搭配。某家酒吧的主要色调为黑色、白色与灰色，在其中穿插着彩色物品与小摆设，结果使整个环境别有一番情趣，极具现代感。

目前世界的普遍潮流是环保与亲近自然。所以，在进行色彩搭配时，可以根据餐馆的实际情况运用模仿自然的色彩搭配方法。如：以自然景物或图片、绘画为依据，按比例进行餐厅空间色彩搭配。这些模仿自然景物或图片的色彩搭配能使人联想到大自然，给人以清新、和谐的感觉。

◎ 关键词

色相	纯度	明度	三原色	间色
复色	补色	同类色	邻近色	色彩的冷暖
色彩的快慢感	色彩的轻重感	色彩的胀缩感	色彩的软硬感	色彩的强弱感

◎ 本章小结

1. 色彩产生的基本原理。
2. 色彩的三要素：色相、明度、纯度。
3. 色彩对比主要有冷暖对比、明度对比、纯度对比、补色对比。
4. 色彩的感觉与心理：色彩的冷暖感、色彩的前进与后退感、色彩的收缩与膨胀感、色彩的错觉。
5. 色彩与烹饪的关系：食欲与颜色的关系是主观的。要想唤起食欲，食物的颜色固然重要，但餐厅的颜色与照明同样不可忽视，并且，盛食物的器皿颜色也很重要。

■ 思考与练习

1. 色彩是怎样产生的？什么是色相、明度、纯度？
2. 三原色是哪三种颜色？
3. 举例说明间色、复色、同类色、对比色。
4. 设计表现冷色和暖色图案各一幅。
5. 菜肴的形式美由哪两部分组成？
6. 简述色彩搭配在烹饪工艺中的作用。

第2章 烹饪图案写生

◎ 知识目标

1. 了解什么是烹饪图案写生，掌握图案写生和烹饪实践的关系。
2. 深刻理解图案写生原理，了解一些基本的透视术语。
3. 掌握常用图案写生的方法、写生的步骤及注意问题。
4. 了解常见图案写生的对象特征及特点要求。
5. 了解烹饪图案写生的艺术特征。

◎ 能力目标

1. 灵活运用图案写生的方法和技巧并能在烹饪实践中具体运用。
2. 掌握烹饪实践中常用的一些图案写生，如各种花卉、自然景观、典型人物形象以及动植物。

◎ 知识导读

烹饪图案写生是实现烹饪实用性、艺术性结合的最佳途径。写生的方式不拘一格，要注意把自然界中杂乱无章、混乱无序的东西归纳成章，使之条理化、秩序化，以便更好地为烹饪实践服务。经常练习写生有助于提高绘画能力，陶冶情操，增强审美意识、色彩意识、空间意识、整体意识，可以帮助我们解决实际工作中有关菜肴的造型、拼摆艺术、点缀技巧、食品雕刻等方面的难题。一切艺术来源于生活，这就要求我们平时要多观察身边的事物，多留心周围的自然现象，坚持练习写生。

写生时要注意选择合适的对象，不能见什么画什么。对描绘的对象要进行细致全面的观察和分析，进一步了解对象的形体特征、生长规律和比例结构等。

在写生的过程中做到观察、认识和表现三者的完美结合。例如，在进行花卉植物写生时，应了解写生对象是草本还是木本，是乔木还是灌木；花朵的外形是球形还是圆锥形，开花的季节及生长规律等，掌握必要的花卉植物常识。然后，对所描绘的对象进行细致全面的观察和比较，分析对象的特征、生长规律、比例、动态、结构等。要有整体的描绘，也需要局部细致的刻画，掌握好取舍的关系。

通过写生记录自然现象、人物社会，其目的是为图案设计收集素材、积累形象，再经过艺术加工，设计出实用美观，符合工艺制作条件的图案形象。写生要针对不同的物象，采用不同的方法，运用不同的技巧，在实践中很好地去运用，就一定能够取得理想的效果。

第一节 烹饪图案写生的方法

烹饪既具有美食特征，又具备一定的艺术形式，也可以说烹饪是一门艺术。而要实现这一目标，除了要求操作者要有娴熟的烹饪技艺外，还须具备一定的艺术修养，具有敏锐的艺术感受能力，较强的审美感知能力，而烹饪图案写生是实现这一目的的有效途径。

烹饪图案写生是利用美学知识，运用艺术手法对社会生活和自然景观进行色彩、造型等方面的纹样设计。写生是创作图案的基础，但不是机械地表面照抄、照搬、胡乱模仿，而应根据现代美学的形式原则来练习。

艺术来源于生活，艺术是以形象思维的方式表达艺术家对自然与社会的理解认识，任何艺术的产生都是艺术家运用文化符号表现他们对社会生活的理解和认识的过程。例如，法国风景画家柯罗创作《孟特芳丹的回忆》，正是通过对细枝与树叶窸窣作响的描绘才把他心中对于大自然的热爱表达出来。

坚持长期的艺术写生，不仅可以提高我们的艺术修养和图案写作水平，还可以陶冶我们的情操，激发创作灵感，提高审美水平。所以对烹饪专业的学生来说，图案写生很重要。

图案写生的方法很多，经常运用的有以下几种。

一、线描写生

线描写生（图2–1）即单线勾勒，选择最适合的角度，用铅笔、针管笔或钢笔等工具，以线条描绘对象的全部轮廓、结构和特征，犹如中国画中的白描。在写生时，根据结构的转折变化，用线讲究轻重、刚柔、顿挫、曲直、虚实、粗细等变化，力求用概括、简练的线条准确地表达对象。

图 2–1　线描写生

在写生的过程中做到观察、认识和表现三者的完美结合。例如，在进行花卉植物写生时，应了解写生对象是草本还是木本，是乔木还是灌木；花朵的外形是球形还是圆锥形，开花的季节及生长规律等，掌握必要的花卉植物常识。然后，对所描绘的对象进行细致全面的观察和比较，分析对象的特征、生长规律、比例、动态、结构等。要有整体的描绘，也需要局部细致的刻画，掌握好取舍的关系。

通过写生记录自然现象、人物社会，其目的是为图案设计收集素材、积累形象，再经过艺术加工，设计出实用美观，符合工艺制作条件的图案形象。写生要针对不同的物象，采用不同的方法，运用不同的技巧，在实践中很好地去运用，就一定能够取得理想的效果。

第一节 烹饪图案写生的方法

烹饪既具有美食特征，又具备一定的艺术形式，也可以说烹饪是一门艺术。而要实现这一目标，除了要求操作者要有娴熟的烹饪技艺外，还须具备一定的艺术修养，具有敏锐的艺术感受能力，较强的审美感知能力，而烹饪图案写生是实现这一目的的有效途径。

烹饪图案写生是利用美学知识，运用艺术手法对社会生活和自然景观进行色彩、造型等方面的纹样设计。写生是创作图案的基础，但不是机械地表面照抄、照搬、胡乱模仿，而应根据现代美学的形式原则来练习。

艺术来源于生活，艺术是以形象思维的方式表达艺术家对自然与社会的理解认识，任何艺术的产生都是艺术家运用文化符号表现他们对社会生活的理解和认识的过程。例如，法国风景画家柯罗创作《孟特芳丹的回忆》，正是通过对细枝与树叶窸窣作响的描绘才把他心中对于大自然的热爱表达出来。

坚持长期的艺术写生，不仅可以提高我们的艺术修养和图案写作水平，还可以陶冶我们的情操，激发创作灵感，提高审美水平。所以对烹饪专业的学生来说，图案写生很重要。

图案写生的方法很多，经常运用的有以下几种。

一、线描写生

线描写生（图2-1）即单线勾勒，选择最适合的角度，用铅笔、针管笔或钢笔等工具，以线条描绘对象的全部轮廓、结构和特征，犹如中国画中的白描。在写生时，根据结构的转折变化，用线讲究轻重、刚柔、顿挫、曲直、虚实、粗细等变化，力求用概括、简练的线条准确地表达对象。

图2-1 线描写生

1. 写生步骤

（1）观察　细心感受，做到心中有数。

（2）动笔　对于初学者，可用长长的虚线勾出大的形体动态。

2. 线描写生应注意的问题

（1）需要对比例、透视、形体、结构有所了解、有所研究，在画的时候将它们视为一个整体，如形体在透视时是一个什么样子，比例通过透视又是什么状态，另外，要珍惜自己的第一印象，先别急于下笔，先观察形体，心中有数后再下笔，做到胸有成竹。

（2）抓住重心，找准动态线，动态有了，就能生动起来。

二、明暗写生

明暗写生（图2-2）这种方法基本上和铅笔素描一样，用铅笔画出对象的明暗空间、体积、结构等关系，以达到层次分明，具有体积感和空间感的艺术效果。

1. 明暗写生的步骤

（1）确立构图　首先要抓住物象的主要特征，充分认识物象的本质，分析物象的形体、结构、透视、比例、明暗等，为下一步提供准确生动的素材。再就是要确定物象在画面中的正确位置，物象与画面大小关系要处理恰当，一般说来，主要的物象要突出，静物素描的主体约占画面的四分之一到三分之一。

（2）画出大的形体结构　用长直线画出物体的形体结构（物体看不见部分也要轻轻画出），要求物体的形状、比例、结构关系准确。再画出各个明暗层次（高光、亮部、中间色、暗部、投影以及明暗交接线）的形状位置。

（3）逐步深入塑造　通过对形体明暗的描绘（从整体到局部，从大到小）逐步深入塑造对象的体积感。对主要的、关键性的细节要精心刻画。施加明暗一般从画面最深的颜色画

图2-2　明暗写生

起，有顺序地向明和暗部过渡，要对结构进行深入的分析，做细致的比较，按照整体到局部再到整体这一顺序反复进行，在刻画过程中要始终进行反复比较，明与明比较、暗与暗比较，做到重点突出、主次分明，有较强的立体感、空间感。

（4）调整完成　深入刻画时难免忽视整体及局部间相互关系。这时要全面予以调整（主要指形体结构，还包括色调、质感、空间、主次等），做到有所取舍、突出主体。调整应对照物象，从总的感觉出发，加以统一调整加工提高。首先要做到统一和谐、生动丰富，对整个的图案进行重新审查，做必要的取舍，使局部服从整体，使画面更加和谐生动。

2. 明暗写生应注意的问题

（1）应按照由简单到复杂，由肤浅到深入，由小到大循序渐进的原则进行。表现时，要充分利用物象的形体特征、结构比例、明暗虚实、大小远近等因素，使物象的外形特点与内在气质达到完美结合。

（2）写生时，应学会独立思考，博采众长，处理好局部与整体、现象与本质、主观与客观的矛盾，用辩证统一的方法解决实践中的各种问题。

（3）应注意课堂内与外、理论与实践、长期与短期的很好结合，通过不同方式的学习和临摹，逐渐掌握素描的艺术手法。

（4）平时要兼收并蓄、古为今用、洋为中用，经常学习各种优秀艺术作品，提高自己的艺术修养。

三、影绘写生

影绘写生即阴影平涂写生，着重于对象外部轮廓的描绘，一般使用毛笔，所描绘的形体犹如剪影效果。它的特点是概括力强，黑白分明，形象突出。

四、色彩写生

色彩以水粉和水彩工具描绘自然界的人和物。色彩写生可采用单色、彩色、归纳色三种方法。

（一）色彩写生的步骤

1. 构思构图

（1）构思　动笔之前要进行认真的观察和分析，做到意在笔先。要对构图上的对比和均衡、物象的主次、色块之间的安排、画面总的色彩调子等进行分析。

（2）构图起草　用铅笔或炭笔把物体的形体轮廓、比例、结构、透视变化等概括地画出来。起草时只需勾出大的轮廓，不必拘泥于细节。

（3）单色定稿 根据画面的色调，用单色把物体的形体关系、大体明暗关系概括地画出来（图2–3）。常用的色彩有赭石、熟褐、群青等。单色定稿的作用是修改形体、加强明暗关系和底色。

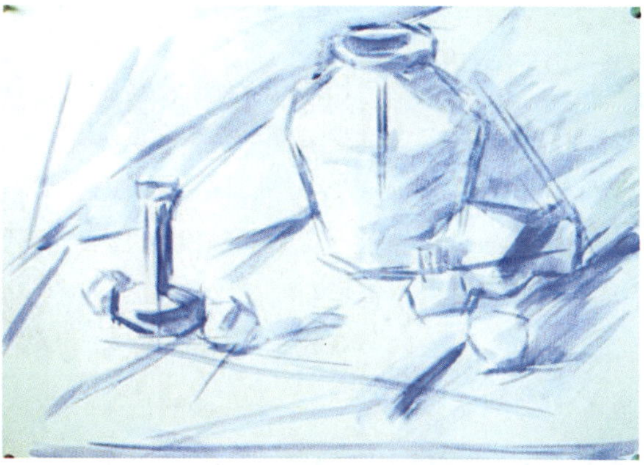

图2–3 物体的明暗关系

2. 铺大体色块

根据第一印象和大的色彩关系用大的色块及关键的色块迅速地表现出来。 初学者可以从暗部画起，然后到中间色，最后到亮面（图2–4）。这种方法比较容易控制画面的明暗关系和明暗层次。在画暗部时要尽量少用白色，用色要薄并且透明，同时要注意暗部的色相、冷暖对比以及与环境的联系。

图2–4 色块铺画

3. 深入刻画

在深入分析的基础上画出物体的三大面五调子的色彩层次变化，主要表现物体的形体结构、质感、空间感。在此阶段用色要厚一些，注意环境色和物体本身颜色的调和，主要物体和前景应该画得色彩丰富，用笔要肯定，对比要强烈，形体要明确，最后画出物体的高光、反光以及最暗处的色彩，并要注意色彩的冷暖变化（图2–5）。

在此阶段中要注意整体感，深入刻画不等于把物体到处重新画一次，在第一遍着色时已经达到的色彩效果可以保持下来。塑造具有艺术性的艺术形象是本阶段的重要任务。

图2–5 色彩冷暖变化

4. 画面调整

本阶段的重点是使画面的整体关系更加协调，动笔不在多，要多看多想。比如：妨碍色调统一的色彩要改正，为了突出画面的主体就必须把陪衬物的色彩或塑造减弱，画面空间前中后层次是否拉开等。画面的整体效果直接体现作画者水平的高低，就是说一幅画的成败还在于画面的调整阶段（图2-6）。

图 2-6 画面调整

（二）色彩写生应注意的问题

（1）准确认知色彩的对比关系。

（2）整体地观察和感受总体印象、氛围、意念的想象等。

（3）分析构图、比例、透视、特征、前后空间、材料及语言的选择等。

（4）提高准确描绘对象形态色调的能力。

（5）准确严谨地对对象色调进行分析、理解、把握。

（6）通过对色彩的分析、理解，主动利用色彩冷暖因素来立体地认识空间和再现视觉对象。

（7）为了丰富图案变化的需要，可以选取描绘对象的局部加以剖析，详细地描绘对象局部结构特征。

第二节 烹饪图案的写生原理

绘画写生是以色彩、线条为媒介，在二维平面塑造艺术形象，反映社会生活，表现艺术家审美经验和思想感情的造型艺术。对于写生而言，先要学会观察，即“视”，写生过程最重要的“视”就是透视。“透视”一词源于拉丁文“perspclre”（看透）。最初研究透视是采取通过一块透明的平面去看景物的方法，将所见景物准确描画在这块平面上即成该景物的透视图。后来人们将其称为透视学。

透视是一种描绘视觉空间的科学。简单地说是把眼睛所见的景物，投影在眼前一个平面，在此平面上描绘景物的方法。透视作为一门学科内容非常复杂，我们只能简单地学习一些透视的基本方法。

一、透视的基本术语

（1）透视　通过一层透明的平面去研究后面物体的视觉科学。

（2）透视图　将看到的或设想的物体、人物等，依照透视规律在某种媒介物上表现出来，所得到的图叫透视图。

（3）视点　人眼睛所在的地方。标识为S。

（4）视平线　与人眼等高的一条水平线。标识为HL。

（5）视线　视点与物体任何部位的假想连线。

（6）视角　视点与任意两条视线之间的夹角。

（7）视域　眼睛所能看到的空间范围。

（8）视锥　视点与无数条视线构成的圆锥体。

（9）中视线　视锥的中心轴，又称中视点。

（10）站点　观者所站的位置，又称停点。标识为G。

（11）视距　视点到心点（画面的中心位置）的垂直距离。

（12）距点　将视距的长度反映在视平线上心点的左右两边所得的两个点。标识为D。

（13）余点　在视平线上，除心点、距点外，其他的点统称余点。标识为V。

（14）天点　视平线上方消失的点。标识为T。

（15）地点　视平线下方消失的点。标识为U。

（16）灭点　透视点的消失点。

（17）测点　用来测量成角物体透视深度的点。标识为M。

（18）画面　画家或设计师用来变现物体的媒介面，一般垂直于地面，平行于观者。标识为PP。

（19）基面　景物的放置平面，一般指地面。标识为GP。

（20）画面线　画面与地面脱离后留在地面上的线。标识为PL。

（21）原线　与画面平行的线。在透视图中保持原方向，无消失。

（22）变线　与画面不平行的线。在透视图中有消失。

（23）视高　从视平线到基面的垂直距离。标识为H。

（24）平面图　物体在平面上形成的痕迹。标识为N。

（25）迹点　平面图引向基面的交点。标识为TP。

（26）影灭点　正面自然光照射，阴影向后的消失点。标识为VS。

（27）光灭点　影灭点向下垂直于触影面的点。标识为VL。

（28）顶点　物体的顶端。标识为BP。

（29）影迹点　确定阴影长度的点。标识为SP。

二、透视的基本方法

透视分一点透视（又称平行透视）、两点透视（又称成角透视）及三点透视（又称倾斜透视）三类。

一点透视是指立方体放在一个水平面上，前方的面（正面）的四边分别与画纸四边平行时，上部朝纵深的平行直线与眼睛的高度一致，消失成为一点，而正面则为正方形（图2–7）。

两点透视就是把立方体画到画面上，立方体的四个面相对于画面倾斜成一定角度时，往纵深平行的直线产生了两个消失点。在这种情况下，与上下两个水平面相垂直的平行线也产生了长度的缩小，但是不带有消失点（图2–8）。

三点透视就是立方体相对于画面，其面及棱线都不平行时，面的边线可以延伸为三个消失点，用俯视或仰视等去看立方体就会形成三点透视（图2–9）。

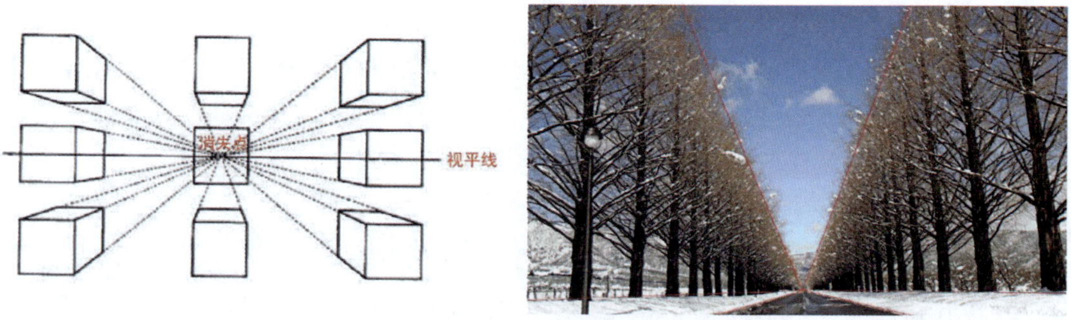

图 2–7　一点透视

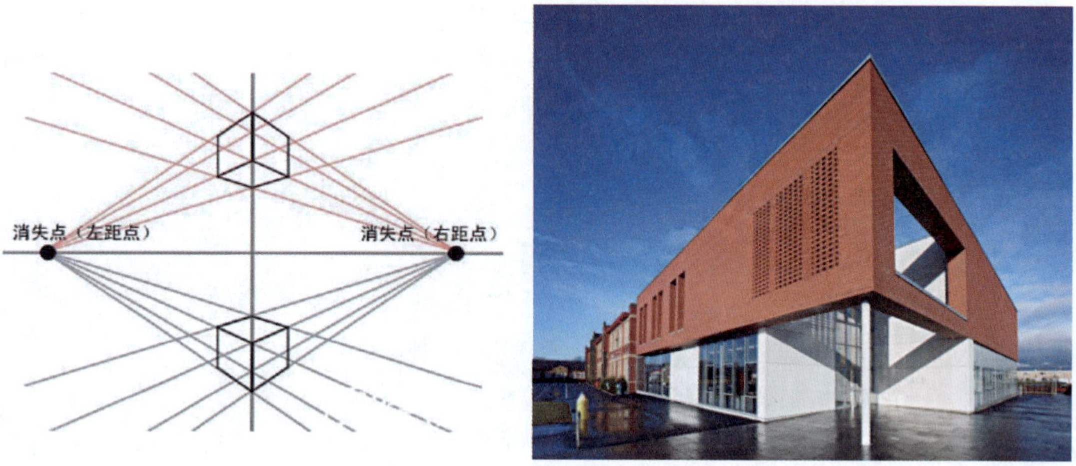

图 2–8　两点透视

图 2-9　三点透视

第三节　烹饪图案的写生对象

烹饪图案写生的内容丰富多彩，各有千秋，充分展示了烹饪博大精深的艺术内涵。其内容有社会的，也有自然的，下面简单介绍一些图案写生的对象。

一、人物写生

烹饪图案写生的人物都有较显著的特点。要正确把握写生的绘画技巧，特别是通过刻画人的各种神态，表现各种人物特征，为此必须熟悉和掌握人体的结构、比例、形态，懂得解剖知识。描绘时可以通过动态、体态、服饰等特征表现出来，例如，男人健壮的身躯，外形近似倒三角形。女人的外形成菱形，丰腴的肌体和柔软的体态，显示出一种青春的美感。在描绘时还要注意表情的刻画，用夸张的手法表达出人物的喜怒哀乐。人物的写生主要用线条进行描绘，表现人物形象时，一般优美的对象比较细小、光滑；而崇高的对象则比较巨大、粗糙。优美是一种静态的、和谐的美，崇高是一种动态的、冲突的美；崇高对象以竖式出现为多，优美对象以横式出现。下面我们以头像写生为例，了解一下人物写生的步骤与方法。

1. 构思、构图

在作画前要养成观察对象的特征、酝酿自己情绪的习惯。根据对象的职业、年龄、气质、爱好等考虑该如何表现，最后欲达到怎样的效果。不要仓促作画，构图时注意人物位置是否合适以及人物前方的空间要大些（图2-10）。

图 2-10　人物写生构图

图 2-11　人物头发勾画

2. 抓轮廓

这点非常重要，要抓准，就要抓住头部基本形、五官位置、明暗交界线的位置、头与肩的关系。要画准轮廓，就必须整体观察，整体比较，多运用辅助线帮助确定位置。在抓外形时要狠抓特征，要画得像。

在画准外形的基础上，五官位置也需狠下功夫。在画五官时要注意中轴线的运用，除绝对正面外，中轴线根据头的动态呈孤线。五官位置可以根据三庭五眼的基本规律，在共性中找出每个人的形象特征，画出人与人的千差万别。

明暗交界线是决定头部深度、体积的关键，颧骨处在交界线最突出部位，有高有低，有突出也有柔和，可视特征而定。尽管受光处颧骨不那么明显，但必须与暗部对称地画。人物写生非常重要的是对称，诸如两眼、两耳、两个鼻孔等都要同时考虑。头发固有色是黑色。只要仔细分析，绝不是漆黑一片，也同样有明暗对比。头发是在颅骨上形成的，发型、明暗都必须考虑结构。头发力争画得蓬松，富有质感（图2–11）。

3. 深入刻画

此时要好好审视一番，看看哪些部位最深、最强烈，就从这些地方着手，一般先从眉、眼、鼻、颞骨处开始，一下子即可抓住特征，画出大的关系，但是一定要避免抓住一点反反复复盯着画，使局部画得过分而关系失调。先画什么、再画什么可根据对象特征来考虑，如角度有些偏，颧骨比较突出，有的剑眉浓重而富个性，有的眼睛炯炯有神，那就由此展开。

在深入中要始终保持整体关系，明白一幅画的好坏主要取决于整幅画面的整体感，完整感，如果只是将笔墨停留在五官上，以为是画龙点睛，而忽视其他方面，整个画面就不会好。在深入中首先着眼于整个画面的明暗对比。然后是暗的与暗的比，亮的与亮的比，抓住

图 2-12　人物五官刻画

图 2-13　人物形象调整

图 2-14　人物形象调整

了大的关系，又注意了微妙的关系，整个画面就有主有次，可以有条不紊地进行深入。每深入一层，即从最凸处开始，带动次明部。画眼注意整个眼轮匝肌周围的关系，画嘴考虑口轮匝肌的块面，画鼻注意鼻骨、鼻翼与脸颊的联系。同时，还要考虑这一局部在整个脸部中的比例关系。总之，在深入中时时考虑整体，主次各得其所（图2–12）。

4. 调整

调整既是深入也是概括，使画面的总体效果更趋完整，要做减法，将琐碎的细节综合起来，加强大关系。要画好人像，特别要画得像。避免公式化、概念化地将人物千篇一律、千人一面的机械式地临摹，好像人物形象是一个模型里刻出来的，总是那么呆板、没有生气。人物要画得像，首先是形神兼备，注重人物内在性格和情绪的刻画。只要在平时的练习中，多留意眉、眼、嘴的情绪变化的表现，在神情最为自然、生动的时刻来画，就能使画面有生气。形神兼备是人像写生的最高要求，绝不是在技巧提高之后才去追求（图2–13、图2–14）。

总之，要画好人像素描，获取精确的造型能力，还是要靠多画才能得到。俗话说，“熟能生巧”，技巧是从勤学苦练中得来的。同时还要多看好的范画，提高鉴赏力，进而大胆地多方面地进行尝试，不断提高绘画水平，实现自己的理想。

二、自然写生

（一）风景写生

自然界中的各种事物，都有其独特的美。对风景的写生应有必要的取舍，要把握好线条粗细，分布疏密，景物的远近、大小、高低。例如，我国某些著名风景区分别表现出的“雄”“险”“奇”“秀”“幽”等独特的美，正是与该风景独特的自然特征有关。泰山以雄伟著称，被誉为五岳之首，而构成雄伟的因素主要是：体积厚重，山行垒积，坡度陡峭，与周围平原形成鲜明的对比，写生时就应着力表现这些特征。黄山之奇，是由于其自然特征的变化无穷：七十二峰千姿百态，云海变幻莫测，还有奇松异石等。再如月亮，我们一般认为满月像个白玉盘，含有明亮、纯洁、圆满的涵义。新月像个银钩，带有新生幼小、稚嫩的意味。其美区别于太阳之美，山川大海之美，青松翠柏之美，莽林大漠之美，竹菊梅兰之美……另外，风景写生还应掌握以下规律。

（1）早晨　在太阳未出之前，大地刚从黑暗中醒来，由于露水和雾气较重，整个对象显得较为偏冷，朦胧。太阳出来以后，景物的受光部分应是偏浅的玫瑰色、淡黄一类的暖色，背光部分应是相对偏紫、蓝绿一类的冷色。

（2）傍晚　夕阳西下，全部的山川河流被抹上一层金黄，景物的受光部分为淡的橘红、橘黄色，天空则常呈现出亮的黄紫灰、黄绿灰一类的补色，落日后，所有景物逐渐变成紫青色、蓝黑色，直至夜幕降临。

（3）晴天　在阳光的映射下，景物的形体和轮廓变得清楚、明确。光线越强，物体的反光越明显。早、中、晚的阳光是有差别的，阳光在上午10点左右与下午4点以后偏暖，中午呈亮白色，反光强烈。影子偏蓝紫色，色调主要倾向是黄白色或亮黄色。

（4）阴天　由于阴天没有阳光的照射，光源呈散射光，景物的受光面偏银灰、蓝灰一类的冷色，而背光与立面色度较重，多呈紫褐、褐绿、赭绿等一类暖色，反光不明显。

（5）雪景　地面、树林、山岭上的雪色彩特别亮，天空往往处于中间色阶，如有阳光时雪的受光面亮而暖，投影由于受天光影响带一点蓝色，画雪时，尽量画出它的体积感和松软性。

（6）山　远山要画得概括、简练，近山要依据山的起伏、形态等特点画。画山时要注意符合自然规律，注意裁剪和取舍。有阳光照射时山一般是受光暖，背光冷。

（7）石　要注意表现体积的感觉，受光面呈亮的冷色，背光成赭褐、紫褐等一类的暖色。

（8）树　树的色彩主要以普蓝、群青、橘黄、淡黄调出各异的绿。受光面以粉绿、紫罗兰、钴蓝、湖蓝与其他颜色调和后所组成。

（9）水　一般要表现静态水和动态水，可以依靠笔触的不同来区别。水往往受天光的影响，波浪暗部色彩偏暖，上午或下午阳光侧射时，水面倾向较深的蓝紫色，中午偏蓝灰色。

（10）天　天空不要画的像平涂一样，应该有变化，要表现出高深的空间感，有时上部颜色深、下部颜色浅，有时上部颜色浅、下部颜色深，不能平涂成一样，但差别不是太大。

（11）云 画云时要注意表现出云与天空的关系，云有厚薄、大小、虚实之分。

（12）房 在画房屋时，要注意房屋的比例结构和透视关系，以及整体的协调关系。

总之，在画景物时尽量颜色不要太单一，例如树是绿的，不要平涂成一样，树有受光和背光，受光面可能是黄绿，背光可能是绿里有蓝紫的深色，还有介于受光和背光的固有色，是树的本色，从这些再细分，树的枝杈，有的地方的叶子稀少、有的繁茂，色彩尽量在不脱离主色调绿的基础上丰富一些，比如粉绿、淡绿、黄绿、青色、土黄、翠绿、蓝紫色等。

最后，还有关键的一点就是事物的投影，就是影子，在一幅画面里是非常重要的，有时画面有些飘的感觉，加上深色的投影就可以增强画面的空间感和纵深感。

（二）花卉写生

在植物中花是最招人喜爱的，也是烹饪实践中应用较多的植物。花卉写生，一定要选择最美的对象，最能显现其特征的角度进行描绘。先画整枝，注意其外形、轮廓、基本型，画出它的姿态和花叶枝之间的穿插关系。然后多角度、多方面、多方向，再画一些特定细部，如盛开的花、半开的花、花蕾、花瓣、花萼、花托、花冠，叶片的叶尖、叶缘、叶基、叶脉、叶柄，叶与茎的结合关系等。还要注意取舍、提炼，能够充分表现出物象特征，把最生动、最美的部分显示出来。描绘时还可以通过提炼、变形、变色，对描绘对象进行单纯化、平面化的归纳处理，使物象具有装饰变化之美。例如，月季花，花冠大，花瓣重叠生长，边缘整齐，外瓣翻卷，层次丰富，以含苞待放时最美，颜色各异，常用果蔬原料作为雕刻点缀或用作冷菜拼摆。再例如，姚黄牡丹，这种牡丹是由多瓣聚集而成，根部的大瓣如同托盘，顶部的许多小瓣聚成球体。由于花瓣薄而透明，花瓣的深层辉映着暖色的透光效果，色彩艳度超过受光部位。表现这种繁多的花瓣时，不必一一细描，强调总体感觉。把握基本的色彩关系和虚实变化，除了几个大瓣和处于明暗交界处的几个小瓣作具体处理外，大部分的花瓣都不太强调它们的边沿轮廓，只要依据花瓣的形状和方向在调色和用笔上略加变化就足够了。这样由于花瓣明暗变化减弱反而增强了透明感。在处理暗部的花瓣时，先用底子的暗色画入，然后再用比此底子亮些的粉质灰色压出边缘，有意识地让底色部分透出，这样更显得饱含水分、轻薄透明。球形的菊花花瓣细碎繁多，一一勾画必显琐碎，只涂大色块、缺乏必要的细节又不像菊花，其关键是把握好整体与局部的统一。此画的方法是：先从整体关系入手，画出球体的基本体积，然后在大面的亮面上加上一些花瓣突起后暗部长投影的小暗面；在大面的暗部——主要是明暗交替或反光部位画出若干受到光照的亮色花瓣。当然要注意区别各个细节的明暗虚实，可随着体积的转化改变用笔的方法，使小瓣的感觉似有若无，在重点地方仔细画一下结构变化，以实带虚、虚实相宜，各种点之间呼应起来，使画面丰富、充实、和谐、统一。

逆光的月季花，强光照射下的花朵固然明快、鲜亮，然而背光处或阴影中的花朵也另有一番情趣：柔和、素雅，在中等明度的含灰色调中，有着含蓄、微妙的冷暖对比。为了衬托花的妩媚、洁净，在背景上运用了粗糙的肌理变化。画花时，则用笔轻柔，色中饱含水分，中心部分一气呵成，趁湿点上花蕊，使之融为一体，然后，再重点修饰一下花瓣边缘的转折与前后层次，使之丰富起来（图2-15）。

图 2-15　逆光的月季花

（三）动物写生

动物的种类很多，形态千变万化。写生时首先要掌握动物的生长规律、运动规律，分析和研究动物的组织结构、外部特征。如鸟兽的身体一般由头、颈、躯干、四肢和尾部几部分组成。不同鸟兽的形状，长短比例关系也不相同，其口、眼、鼻、耳、眉、蹄、毛也各具特征。兽类和鸟类的形态，伴随着它们的种类不同，其特点、性格和生活习性也不同，而呈现出的形态也有所不同。特别是兽类表现出的各种动态是与它的性格相一致的。什么样的动物性格必反映出什么样的形态。在观察、分析、研究动物的动态、形体和习性特征的同时，还得将这些特征加以突出和夸张，使其更为明显。例如，孔雀、凤凰之类的飞禽，应重点描绘、夸张羽毛。孔雀，头顶冠羽呈翠绿而端部蓝绿，翼上复羽均呈金属绿和蓝；尾上复羽特别长大，形成尾屏，呈金属绿色，缀以眼状斑，斑的中部涤蓝，四周铜褐；雌鸟无尾屏，羽色亦不华丽；孔雀造型常采用雕刻与拼摆相结合的手法。头、颈雕刻，尾屏、身羽拼摆。雄鹰，头顶和头侧均为黑色，上体余部包括两翼表面均暗灰褐色，尾与背同色而具有四条宽阔的黑褐色横斑，羽端近白；下体灰白，两肋均布以灰褐色横斑，眼金黄，嘴黑，脚橙黄色。苍鹰飞行急速，造型以眼、嘴为神态，宽展硕大两翼与锋利的双爪为动态，拼摆选用褐色原料为鹰羽主色，绿色原料作翠松相陪衬，构成一盘生动有趣的拼摆。如虎的写意画法，先以淡墨草稿勾出形态，赭石调藤黄画虎身，再以稍浓的墨画斑纹，白粉染嘴、前胸等，并以赭石第二次染身。淡墨破锋丝细毛后，蘸老虎的写意画法示范浓墨画眼、耳并重钩斑纹，第二次染白粉及浓墨丝细毛，白粉画虎须，最后补景完成。画时大致全体同时进行。再例如丹顶鹤，又名仙鹤。全体几乎纯白色，头顶裸皮艳红，喉、颊和颈大部呈暗褐色，飞羽黑色，形长而向下弯曲。眼褐，嘴绿色，脚铅黑。鹤两翅膀硕大，飞翔力极强，在飞翔中姿态娴熟优美。仙鹤的双腿细长有力，常独足静立，体态沉静而安详。

总之，烹饪图案写生取材广泛，方法灵活，各有主次，应把握事物基本规律，运用现代美学的审美情趣和审美观点去写生。图案写生不是一蹴而就、三天两日之事，而应坚持不懈地练习，才能取得好效果。

◎ 关键词

图案写生　　透视现象　　透视术语

◎ 本章小结

1. 图案写生的目的是为装饰图案设计服务的，要全方位了解对象的形体特征与美的特征。
2. 烹饪图案写生的方法应根据不同的对象，运用不同的方法和技巧来进行。
3. 烹饪图案写生的对象丰富多彩，可以是社会人物也可以是自然景观。

■ 思考与练习

1. 简述图案写生与烹饪图案写生的关系。
2. 如何创作出符合人们客观要求的图案形象？
3. 你认为图案写生应抓住哪些要点？
4. 创作一幅山水风景图应抓住花草、树木、山石、鸟儿等生物的哪些主要特征？

第3章 烹饪图案的表现形式

◎ 知识目标

1. 了解烹饪图案的变化规律及变化形式。
2. 掌握烹饪图案的平面、立体构成。
3. 掌握夸张、变形、简化、添加的形式、方法从而进行食品设计和制作。
4. 掌握变形美术字的设计方法。

◎ 能力目标

1. 了解图案造型艺术的根本目的。
2. 掌握图案造型的艺术规律，能够应用图案变化的形式进行食品设计。
3. 利用变形美术字对烹饪图案进行装饰。

◎ 知识导读

随着生活水准的提高，人们对饮食的需求逐渐上升到了精神、文化方面的需求，向往在饮食中吃出健康、吃出品味、吃出情趣。这就要求我们运用一定的艺术规律，制作出色、香、味、形、质俱佳的艺术菜肴。

第一节　烹饪图案的类别和要求

图案是一种装饰性和实用性相结合的美术形式。图案在我国有着悠久的历史，是我们祖国灿烂文化的组成部分。长久以来，我国劳动人民在艺术实践中积累了丰富的经验，形成了自己的民族传统。例如建筑美术、室内装饰、家具、灯具、陶瓷器、服装、衣料、橱窗、冷荤造型、商品包装、玩具和各种工艺美术等的装饰花纹和造型，无不表现出了人们的思想意识和实用意义。

图案有广义与狭义的两种解释。狭义是指装饰性纹样，例如花布上的花纹、手帕上的花边等。广义是指实用性与美观相结合的设计方案，或者说，图案是实用美术、装饰美术、建筑美术、工业美术方面关于形式、色彩、结构的预先设计。在工艺、材料、用途、经济、美观条件制约下制成图样、装饰纹样等方案的统称。

图案设计，可以画出设计图，也可以不画设计图。凡是需要大规模生产的工业品，就必须画出设计图，如电视机、玻璃器皿等。而有些民间工艺品的设计则无须画设计图，如许多民间艺人都习惯于在脑中设计。

学习图案对烹饪专业的学生是非常重要的 ，不论是花色拼盘、面点制作，还是雕刻艺术都离不开图案的造型艺术，图案知识对烹饪造型的学习和提高有着直接的作用。

第二节　烹饪图案的变化规律及变化形式

烹饪图案的变化，是指把写生来的自然物象处理成烹饪图案形象，它是烹饪图案设计的一个重要组成部分。通过图案变化，把现实生活中的各种物象，加工处理成适用于烹饪工艺造型的图案纹样。如果没有这个过程，就不能成为烹饪食用图案。

现实生活中的自然形态，有些不适应图案的要求，有些不符合烹饪工艺的条件，不能直接用于烹饪图案的造型。因此，烹饪图案需要经过选择、加工、提炼，才能适用于一定的烹饪原料制作。

烹饪图案的变化，不仅要求在纹样上完美生动，具有高于生活的艺术效果，而且要求经过变化，使图案造型密切结合烹饪工艺的要求和特点，使制品符合“经济、食用、美观”的原则。图案变化过程正是提炼、概括的过程。变化的目的是为了图案的设计，而图案的设计是为了美化烹饪造型。任何时候，烹饪图案都不能脱离烹饪工艺制作而孤立存在。它必须密切结合烹饪工艺的原料特点，才有发展前途。

烹饪图案的变化，是在烹饪图案写生的基础上，对自然现象进行分析和比较、提炼和概括的过程。为此，必须对自然物象进行不断的认识，反复的比较，全面的理解。比如，我们粗看梅花、桃花，认为都是五瓣的图形，但细看桃花的花瓣都是五瓣尖形的。这就是通过仔细观察，找出了它们之间的共性、个性以及形态特征。只有经过一定的思考、比较，才能在图案变化时对每类花的品种（包括各类动物、山水以及风景等）特征有一个较为透彻的掌握。在认识了自然界的物象之后，如何把它们变成烹饪图案，就需要进行一番设想和构思，这一过程在烹饪图案造型中显得尤为重要。所谓设想，就是如何体现作者制作的意图。例如想要一朵花、一片叶，就必须考虑它做什么用，用什么原料做，想达到什么效果。所谓构思，就是如何把设想具体地表达出来，如用什么表现手法，什么样的图案造型以及什么色彩等。烹饪图案的设想源于丰富的生活知识、大胆的想象力和创造性。既要表现出客观物象，又不能为客观物象所束缚。要紧紧抓住物象美的特征，敢于设想、敢于创造，才能获得优美的烹饪图案，达到图案变化的目的。

烹饪图案的变化是一种艺术创造，变化的方法多种多样，变化的原则是为宴会主题服务，同时，必须同烹饪原料的特点相结合。

（一）夸张

烹饪图案的夸张是用加强的手法突出物象的特征，是图案变化的重要手法。它能增加感染力，使被表现的物象更加典型化。

烹饪图案的夸张是为了更好地写形传神。夸张必须以现实生活为基础，不能任意加强什么或削弱什么。例如梅花的花瓣，应将其五瓣圆形组织成更有规律的花型，使其特征经过夸张后更为完美；月季花的特征是花瓣结构层层有规律地轮生，应加以组织、集中，强调其轮生的特点；牡丹花的花瓣，应将其曲折的特征加以夸张；向日葵的花蕊以及芙蓉花的花脉和其它卷状花瓣的特征，都是启发人们进行艺术夸张的依据。

又如夸张动物，孔雀的羽毛是美丽的，特别是雄孔雀的尾屏，紫褐色中镶嵌着翠蓝的斑点，显得光彩绚丽。刻画孔雀时，应夸张其大尾巴，头、颈、胸的形象可有意缩小些。在用原料造型时，应选择一些色彩鲜艳的原料来拼摆，局部也可用一些色素来点缀。金鱼的眼大、腰细、尾长，这是它们共同的特征，其颜色有红、橙、蓝、紫、黑和银白等。金鱼的形态变化较多，这一众多的变化在金鱼的名字上得到生动的体现，如“龙眼”“虎头”“丹凤”“水泡眼”“珍珠鳞”等。图案的夸张要抓住这些特征，有规律地突出局部。在造型拼摆时，要处理好鱼身与鱼尾的动态关系。拼摆鱼尾不宜过厚，盘底可用琼脂加上蓝色素或绿色素，处理成淡蓝色调或淡绿色调，效果会更佳，显得更逼真，色彩更明快和谐。松鼠的尾巴又长又大，大得接近它的身躯，然而那蓬松的大尾巴却很灵活。松鼠活泼，动作敏捷，其小巧的身躯和大大的尾巴形成一种对比，造型时应强调这一对比。熊猫就没有那么灵敏，圆圆的身体，短短的四肢，缓慢的动作，特别是它在吃嫩竹或两两相戏的时候，使人觉得憨态可掬，造型也应强调这一特征。

图 3-1　倾向夸张的图例

图3-1为倾向夸张的图例。彩蝶用夸张手法后，有意识地将翅膀上的斑纹处理成简明、对称的纹样，便于在烹饪工艺造型中掌握其大致轮廓，有利于工艺加工。花朵的外形和花瓣经过夸张，加强了花朵的特征，使花朵形象更概括，花瓣更明显。

（二）变形

烹饪图案的变形手法是要抓住物象的特征，根据烹饪工艺加工的要求，按设计的意图作人为的扩大、缩小、加粗、变细等艺术处理，也可以用简单的点、线、面作概括性的变形处理。

在进行烹饪图案造型时，要注意以客观物象的特征为依据，不能只凭主观臆造或离开物象追求离奇。要根据不同的特征分别采用不同的方法进行变化，避免牵强造作。

由于变形的程度不同，变形有写实变形、写意变形之分。

1. 写实变形

写实变形是以写生的物象为主，给予适当的剪裁、取舍、修饰，对物象中残缺不全的部分加以舍弃，对物象中完美的特征部分加以保留，按照生长结构、层次，在写实资料的基础上进行艺术加工，使它成为优美的图案纹样。如菊花的叶子曲折多，月季花的花瓣卷状多、层次多，变形处理时，要删繁就简，去其多余的不必详细描绘的部分，保留其特征明显的部分。

2. 写意变形

写意变形不像写实变形那样，在写实资料的基础上加以调整修饰就可以了，而是必须把自然物象加以改造。它完全可以突破自然物象的束缚，充分发挥想象力，运用各种处理方法，给予大胆的加工，但又不失物象固有特征，将描绘的物象处理得更加精益求精，符合烹饪工艺造型的要求。在色彩处理上，也可以重新搭配，这种变化完全给人以新的感觉，使物象更加生动、活泼。

图 3-2　倾向变形的图例

变形是依附于情的，而情又是由主客观因素构成的。因此，变形因人而异，风格迥异。如鸟的变形，身体可以变成各种不同的几何形，如圆形、半圆形、橄榄形等；翅膀可像飘带，也可像被风吹动的树叶，还可以像发射的光线；尾巴可以变成各种植物形、几何形；身上的羽毛更可以随心所欲。大胆自如地添加变化，使得鸟的形象表现出超越自然、高于自然、更理想、更集中、更富有新奇感的艺术魅力。

图3-2为倾向变形的图例。以花卉的形体结构为基础，花卉变形后，花朵的形象更突出、更概括，花瓣简明，层次清楚，更富有装饰效果。

（三）简化

简化就是为了把形象刻画得更典型、更集中、更精美。通过简化，去掉烦琐的部分，使物象更单纯、完整。如牡丹花、菊花等，都是丰满的花形，但它们的花瓣往往较多，全部如实地加以描绘，不但没有必要，而且也不适宜在实际原料中拼摆。简化处理时，可以把多而曲折的牡丹花瓣概括成若干个，繁多的菊花花瓣概括成若干瓣。

如描绘松树，一簇簇的针叶呈一个个半圆形、扇形，正面看又呈圆形，苍老的树干似长着一身鱼鳞。抓住这些特征，便可以删繁就简地进行松树造型。为了避免单调和千篇一律，在不影响基本形状的原则下应使其多样化。如将圆形的松针描绘成椭圆形，把圆形套接作同心圆处理，让松针分出层次。在烹饪工艺造型时还可依靠刀工技术来处理，并使松针有疏密、粗细、长短等变化。

图3-3为倾向简化的图例。银杏树、松树采用简化手法，删繁就简。对银杏叶、松针进行概括和提炼，使其简化成几片有代表性的树叶，从而使形象更典型集中、简洁明了、主题突出。

图 3-3　倾向简化的图例

（四）添加

它不是抽象的结合，也不是对自然物象特征的歪曲，而是把不同情况下的形象组织结合在一起，综合其优美的特征，产生新意，丰富艺术想象，但要合乎情理，不生硬，不强加。

添加手法是将简化、夸张的形象，根据设计的要求，使其更丰富的一种表现手法。它是一种“先减后加”的手法，并不是回到原先的形态，而是对于原来物象进行加工、提炼，使之更美，更有变化。如传统纹样中的花中套花、花中套叶、叶中套花等，就是采用了这种表现手法。

有些物象已经具备了很好的装饰因素，如动物中的老虎、长颈鹿等身上的斑点，有的呈点状，有的呈条纹状；梅花鹿身上的斑点，远看像散花朵朵；蝴蝶的翅膀，上面的花纹很有韵律。其他如鱼的鳞片、叶的脉络等，都可视为各自的装饰因素。

但是，也有一些物象，在它们身上找不出这样的装饰因素，或是装饰因素不够明显。为了避免物象的单调，可在不影响突出主体特征的前提下，在物象轮廓之内适当添加一些纹饰。所添加的纹样，可以是自然界的具体物象，也可以是几何形的花纹。但对前者要注意附加物与主体物在内容上的呼应，不能随意套用。也有在动物身上添加花草或在其身上添加其它动物，如在肥胖滚圆的猪身上添加花卉，在猫身上添加蝴蝶等。

图3-4为两组图案倾向添加的图例。猪、鱼身上分别添加了丰富的纹样，使形象更富有趣味感，产生一种美的意境。

图 3-4　倾向添加的图例

图 3-5　联想的图例

（五）联想

联想是一种大胆巧妙的构思，在烹饪图案变化时，可以使物象更活泼生动。我们在烹饪工艺造型中，应充分利用原料本身的自然美（色泽美、质地美、形状美），加上精巧的刀工技术，融合于造型艺术的构思之中，用来表现对某种事物的赞颂与祝愿。如在祝寿筵席中常用万年青、桃、松、鹤以及寿、福等汉字加以组合，以增添筵席的气氛。

在某些场合下，我们还可把不同时间或不同空间的事物结合在一起，成为一个完整的图案。例如把水上的荷花、荷叶、莲蓬和水下的藕，同时组合在一个画面上。又如把春、夏、秋、冬四季的花卉同时表现出来，打破时间和空间的局限。这种表现手法能给人们以完整和美满的感觉。

图3-5为联想的图例。凤凰的形象和姿态更富有联想色彩，更能发挥想象力和创造力。这一手法是进行烹饪工艺造型的一个重要手法。

第三节　烹饪图案的平面构成

装饰图案的平面构成，取决于它的题材、内容和食品的形状、制作。它在实际应用中虽然千变万化，有着各不相同的组合形式，但从各部分的结构特点上看，又带有一定的程式性。装饰图案的构图基础，便是以其程式为重点，找出若干规律性的东西，作为入门之径。

一般来说，装饰图案的构成比较自由多样，不像绘画那样必须局限于特定的场合与角度。它可以突破时间、地点和透视、比例等关系，按照装饰的想象和烹饪工艺的需要做结构处理。特别是花卉的题材，既可以在同一枝干上开出各种花朵，也可以作有规律的缠绕和连续。而几何形图案更是变化无穷，由于它在内容上不表明某一具体的物象，因而在构成上运用对称、连续等方法也就最为灵活，成为装饰图案中别具一格的一种形式。

一、单独图案

在图案构成中，所谓“单独”图案，是相对于“连续”图案而言的。近似于工笔画的“折枝花”是单独图案，把花纹纳入圆形的“团花”和“皮球花”也是单独图案。前者在结构上比较自由，而后者则很严整，可以说这是单独图案构成的两大类，每一类又表现出不同的程式和特点。

（一）自由形的构图

所谓自由形，也是相对于程式严整的图形而言的。其中又分对称式和平衡式。对称式的结构是均齐的，但因为不受外廓的限制，所以称为自由形，而平衡式打破了均齐的结构，就显得更活泼。

对称式构成可分左右对称、上下对称、三面对称、四面对称等，即在假定的中轴线（竖线、横线或十字线）上，分别配置正反形的单位纹。其排列的方法又有直立、辐射、回旋、多层等。

平衡式构成的特点是保持重点的稳定，使画面中的物象避免产生偏倾和歪倒的感觉。虚与实的照应也可以说是一种平衡。这种构成最为自由，也较活泼生动，但在处理上对于位置的把握难度也较大。

对称式和平衡式可以在同一构成中适当结合，但须以一者为主。如以对称式为主，应在“中轴线”上对花形作平衡处理；以平衡式为主，应适当安排相对应的因素，才可收到较好的效果，不能机械地理解和对待。同样，对称式和平衡式作为自由形的单独图案，固然是单独存在的，但若视为两种方法，也可运用于一种图案形式之中。如果将对称式或平衡式变成圆形的或方形的，也就不能称为“自由形”，而是“适合形”了（图3–6）。

图3-6 自由形构图

还有一种带有绘画风格的图案，或者称为“装饰画”，它以表现人物和风景为主，但在艺术处理上又不同于一般的绘画。我们可以概括为“平视构图”和“立视构图”。

所谓平视，即观察形象一律平看。把形象视为平面物，犹如影绘效果一般。平视构图的画面，就是把所描绘的装饰图案形象置于同一条基线上，其图案形象互不重叠，既不分层次，也不分前后，视点不集中，还可以上下左右并列展开。

平视构图，在我国古代和民间的艺术中表现很多，如古代的画像石和画像砖，民间的剪纸、皮影等，有不少都是平视处理。

为适应平视构图的特点，对于形象的要求就更加严格。在选择形象的角度时，不要求有透视感，以全正面或全侧面的角度比较适宜。因为是平看，要善于处理形象的外形轮廓，并要注意各种形象虽不能重叠，但又得使其巧妙穿插，使人感到完整而有节奏。

立视构图，是根据视线的移动进行构图的。它不受空间、时间以及焦点透视的局限，而是随着作者视线的移动，把所能见到的一切，巧妙地结合在一个画面里。如画山水，随着视线的上下移动，可以表现山下，也可描绘山顶；随着视线的前后移动，可以表现山前，也可以描绘山后；随着视线的左右移动，甚至长江万里风光、几千里河山均可在画面中一览无遗，整个画面的空间感和立体感也可表现出来。

立视构图结构往往比较复杂，在画面上反映的形象较多，层次穿插，千变万化。所以要力求构图严谨完整，注意疏密虚实，形象清楚耐看，才能取得立视构图的应有效果。

（二）适合形的构图

图案形象与一定的外形轮廓线相适合而成的构图称适合形构图，如适合于方形、圆形、三角形、矩形、菱形、半圆形、椭圆形等；或与规整的自然物、器物的外轮廓相适合的构图，如适合于桃形、蛋形、扇形、锭形、如意形、葫芦形等。它是以一个或几个完整的形象互相交错，恰到好处地安排在一个完整外形内。所以这种适合构图必须重视构图和形象的完整性，布局要匀称。

适合构图，往往利用对称和平衡的形式作为它的基本结构。凡是对称或平衡的结构形式，能适合于一定的外形轮廓线，都能形成适合形的构图。

还有一种近似于适合形的构图，一般称为“填充图案”。它具有适合图案的外轮廓，但外轮廓内的形象并非完整的，而是由一种或几种不同的形象（局部）匀称地填满其外轮廓。严格的适合图案结构严谨，制作较难，但能充分显示装饰意境之美；填充式的适合图案较易于奏效，但比之前者，总有不足之嫌，故一般多安排完整的中心形象，以使主体突出（图3–7）。

图 3–7　填充图案

二、连续图案

连续图案的构图是以专门设计的“单位纹”按照一定的格式作有规则的排列。它可以分成两大类：一类为二方连续；另一类为四方连续。

二方连续的构图，一般称为“花边”或“边饰”，多用于糕点、瓜雕、瓜盅设计等。四方连续的构图，大都用于瓜雕纹的装饰等。

（一）二方连续的构图

二方连续的构图是运用一个或几个装饰元素所组成的单位纹，进行上下或左右的反复连续排列。向左右方向连续的，叫横式二方连续；向上下方向连续的，叫纵式二方连续（图3-8）。

二方连续构图有以下几种主要形式。

图 3-8　纵式二方连续构图

1. 散点式

散点式是以一个或几个装饰元素组成一个单位纹，以此进行连续排列。排列的形式有平列的、垂直的、水平的等（图3-9）。

2. 接圆式

接圆式是以圆形为骨架，进行同样大小圆的排列，或做大圆、小圆的排列，或做半圆的排列，或做圆和半圆的间隔排列等（图3-10）。

图 3-9　散点式构图

图 3-10　接圆式构图

图 3-11　波纹式构图

图 3-12　斜线式构图

3. 波纹式

波纹式是依据由纹线所作的区划面连接单位纹，或以波纹、双波纹相重，或以双波纹相交作为骨架，进行波浪式的连续排列（图3-11）。

4. 斜线式

斜线式是依据倾斜的区划面或区划线为骨架，连接单位纹，进行倾斜式的连续排列（图3-12）。

5. 结合式

结合式是将以上方法相互配合应用。以两种以上的构图式相互结合，可产生多种多样的二方连续构图形式。如散点式与接圆式相结合，波纹式与接圆式相结合等（图 3-13）。

图 3-13　结合式构图

（二）四方连续的构图

装饰图案的四方连续构图有多种形式。一般常见的有如下几种。

1. 条格连续

条格是以各种不同大小的条纹和各种不同大小的方格进行组织排列而形成的四方连续构图。

条格的装饰图案可用规则的和不规则的几何形体组成，也可运用花卉或草叶以及其他自然形象组成，或者用几何形与花卉混合组成。

2. 点网连续

点网连续是以点和网纹的形式进行组织排列而形成的四方连续构图。其纹样大多是以几何形体组成装饰图案，设计时，一般先画成小方格子或多角形的外形，然后在部分格子里填上有规律的装饰图案并进行连续，形成点网连续构图。

3. 散点式

散点式是在方形或长方形的范围内等分数格，在每一格里，填置一个或多个图案花纹组成一个单位。将单位平排连结为不同散点的四方连续。散点法的单位纹一般是散花、小花，即在花纹排列上不直接连在一起。

（1）一点排列法　一个散点平接法以设计小型花纹为宜，也可用大团花，但比较呆板单调，一般不常运用。

（2）二点排列法　两个散点平接法有各种不同的做法，也可同时加上各种附点。如两个散点加上两个附点，以平接法连续，或者两个散点加上一个附点，再作方向的变化，以平接法连续等。

（3）三点排列法　三个散点可采用平接法和斜阶形排列法，也可在空间适当加以附点。

（4）四点排列法　四个散点平接法和阶段排列法都可以。

（5）五点排列法　五个散点排列法是花布设计中经常应用的。因五个散点的排列既不单调，又不会杂乱。其排列方法有多种，加上附点的变化就更多。

（6）六点排列法　六个散点排列一般以采用平接的方法为好。因六个散点本身变化多，倘若1/2接，不易连接出好的连续效果。

4. 连缀法

连缀法是利用一个单位的装饰图案进行横竖交错的排列而形成四方连续的构图形式。

连缀法基本上有四种：菱形连缀、阶梯连缀、波形连缀和转换方向的连缀。

（1）菱形连缀法　利用一个单位的装饰图案纹样，填入菱形进行连缀。纹样可以部分超出其菱形线，但连续后不可使纹样冲突。

（2）阶梯连缀法　利用一个单位的装饰图案纹样进行阶梯式的相错排列，形成四方连续构图。阶梯连缀法的排列，有相错1/2的，也有相错1/3或1/4的。

（3）波形连缀法　将一个单位的装饰图案外形画成圆形或者椭圆形进行交错的连续排列，或者利用排列后所形成的骨架线，在骨架线上作图。

（4）转换方向的连缀法　在方形或长方形内，以一个单位的装饰图案作倒正的反复排列，或者以方形单位纹样作更多方向的转换，而形成转换连缀式的四方连续装饰图案。

5. 重叠法

重叠法即两种四方连续图形的重叠。在一种纹样上重叠另一种纹样，其中以一种纹样为“地纹”，另一种纹样是重叠在地纹上面的“浮纹”，地纹的排列，一般采用满地花形式或几何形。浮纹一般用散点排列。重叠法的构图以浮纹为主，地纹是衬托浮纹的。要注意主次分明，突出主花，避免花纹重叠时层次不清而陷于杂乱。

三、边饰图案

边饰图案也称边框图案、轮廓图案。它虽可单独成类，但实际上带有混合的性质。以上的二方连续图案，可说是边饰的一种，单独图案也可做成边饰。而许多边框又往往是单独图案和二方连续图案的结合。

（一）边纹样

（1）线条形的边纹样　利用直线、曲线、点线和线的粗细、长短、疏密等，做成边纹样，并适合于一定的外形轮廓线。

（2）连续形的边纹样　把已定的单位装饰纹样进行上下和左右的连续排列，做成边纹样，并适合于一定的外形轮廓线。

（3）对称形的边纹样　利用左右对称、上下对称或者四面对称做成边纹样，并适合于一定的外形轮廓线。

（4）平衡形的边纹样　在一定轮廓内，进行装饰图案的平衡处理，做成边纹样。

（二）角纹样

利用对称式或平衡式的装饰图案，在方形、长方形、多角形内进行四角、上二角、下二角、对角的适合配置，做成角纹样（图 3–14）。

图 3–14　角纹样图案

四、几何形图案

几何形图案是运用几何学点、线、面的变化而构成的一种图案，并应用于食品的装饰。

几何形图案起源很早，新石器时代的彩陶上就很巧妙地采用它来进行装饰。商代的铜器、春秋战国的漆器、玉器以及后来的工艺品上，有很多都使用几何形图案。几何形图案广泛应用于我国传统的建筑和雕刻上。几何形图案主要以线为骨架，由线的排列和交织，可以构成多种多样的形式。线有直线、折线和曲线之分。直线又可以分成垂直线（竖线）、水平线（横线）和倾斜线。三者可以分别运用线条本身的长短、粗细、疏密进行变化，形成各种不同的条形组织，也可以相互交织进行组合。

竖线与横线不同距离的垂直相交，形成各种大小不同的方形、长方形格子。斜线的组合基本上是竖线与横线的组合，只不过是把竖线和横线倾斜交叉而已。折线的变化可利用两线结合的不同角度和它的粗细、重叠、交叉等进行变化。以一定波度的曲线，或者以凸曲线、凹曲线、螺旋线等进行大小、重叠、相交、连续等变化，可以形成各种波浪形的几何图案。

直线、折线、曲线相互交织而组合成种种几何形的基本形，例如正方形、长方形、圆形、三角形、菱形、多边形、多角形等。在基本形上作不同的变化，可以构成各种不同的装饰图案，成为几何形的单独图案。其变化方法主要有如下几种。

（1）以基本形为骨架，添加其他直线、折线或曲线，做各种变化。

（2）利用基本形的累积形式做各种变化。

（3）利用基本形的相互结合做各种变化。

以一个基本形为单位，进行上下或左右的连续排列，可以构成几何形的二方连续图案；进行上下和左右的连续排列，可以构成几何形的四方连续图案（图3–15）。

图 3-15　四方连续图案

第四节　烹饪图案的立体构成

立体构成源于西方20世纪初流行的“抽象绘画”，后影响到雕塑、建筑和工艺美术。随着现代科技的发展，立体构成的理论也日趋完美、系统。由于立体构成能适应人的审美需要以及符合现代人的生活节奏，因而和平面构成一起被认为是现代造型设计的基础。

学习立体构成首先要有明显的立体概念，立体和平面是不同的，它是具有长、宽、高三维空间的三次元设计，而平面仅是二维空间的二次元设计，它不能表现完整的立体形象，因为在平面上表现立体只能是人的一种幻觉，而立体设计所表现的却是看得见、摸得着的实在的立体形象。这就要求设计者头脑里要具有三维空间和上下、前后、左右6个方面的完整的立体形象，也就是说，你所设计的立体造型要满足人们从各个方向、不同角度的欣赏。

立体构成的原理是基于“任何形态都是可以分解的（分解到人的肉眼和感觉所能觉察到的形态限度）”这一认识。形态是由各种不同的要素所构成，这些形态要素就是点、线、面、体、空间、色彩、肌理。由此可见形态要素本身是不表现具体形象的抽象形象。正由于它的抽象性，也就更具普遍性，对食品造型设计也有很大的帮助。何谓立体构成呢？立体构成就是形态要素以一定的方法、法则构成各种立体形象。

一、立体构成的基本知识

研究烹饪图案的立体构成，要了解与之相关的基本知识。

1. 形态的种类

（1）自然形态　即自然界客观存在的各种形态。如动物、植物、森林、草原、山水、蓝天、白云等。

（2）人造形态　即人们运用一定的工具、材料所制造出来的各种形态。如各种手工、现代食品雕刻。

（3）偶发形态　即人类在劳动、生活中偶然发生、发现的各种形态。如人对物体裂、摔、折、压等表现出来的各种形态。

在自然形态和偶发形态中并非所有形态都是美的。人造形态的创造是人类对自然形态和偶发形态美的形式的总结。

所谓形态，并不是一般的立体形象。由于立体构成属于美术的范畴，因而形态是要具有艺术感染力的立体形象。

立体构成既然是抽象的形态，那么抽象的形态又怎样才能具备艺术感染力呢？

2. 抽象形态如何具备艺术感染力

具有艺术感染力的抽象形态在我国是不乏其例的。书法艺术就是抽象的形式美，它运用的结构虚实、疏密，笔画的动静、硬软和墨色的枯润等来体现。从构成的原理来看，书法就是以字的形态要素——点、线、色彩（墨色）等形式美的法则构成的。

我国古典园林中的建筑，如亭台楼阁、假山、漏窗、宝塔等形态之所以美，无一不是形态要素以一定的方法、法则所构成的抽象形式美的体现。

在立体构成中，抽象的形态可从下列各方面去表现艺术感染力。

（1）生命力　自然形态中很多是以其旺盛的生命力给人以美感的（当然也不是所有具有生命力的动、植物都给人以美感）。我们要从大量自然形态中去寻找表现生命力的源泉。如植物的发芽、出枝、含苞、怒放，黄山的雄伟，桂林山水的秀丽等。不是外形的简单模仿，而是吸取自然形态中一种扩张、伸展、向上、健康的精神状态，并加以创造运用。

（2）动感　凡是运动着的形态都能引人注意，也意味着发展、前进、均衡等美好的精神状态。由于食品造型形态本身是静止的，因此要在静止状态中表现出动的感觉。表现动感可以吸取自然形态中动物、植物、人物的优美动态，通常依靠曲线以及形体在空间的转动来取得。

（3）量感　“量”原是物理学上的名词，量感指的是体量给人的心理感觉。体量能给人以健康、强壮、结实、秀丽，能抵抗外加压力的美的感觉，反之则会给人以衰弱、病态的感觉。此外除了实际的体量感觉之外，尚有心理上的量感，即利用材质的粗、细，色彩的深、淡，光泽的暗、亮等形成心理上的轻重、大小、强弱之感。材质粗、色彩深、光泽暗的形态感觉重、强，反之则感觉轻、弱。

（4）深入感　自然形态中有很多具有深入感的形式能引人入胜。如森林中树木、山峰的重叠等。抽象的形态，包括形体、色彩、材质等，也能以层次表现出动人的深入感，以形的大小、色彩、材质的远近表现出空间感。

3. 形态要素的表情

除了上述四个方面之外，形态要素的本身也可作为表现形式美的手段，即有一定的表情，特别是最富于表现力的线，在立体构成和食品造型中作用很大。

（1）点　点在空间中起表明位置的作用，相比较而言，较小的形态都称为点。只要有点，注意力就会集中在这个点上，有两个点则两点之中有线的感觉，两点有大小时注意力从大点移向小点。多点会有面的感觉，多点时点大小相同会表现出一个静止的面，多点时点大小不同会产生动的感觉。

（2）线　线分以下几种：

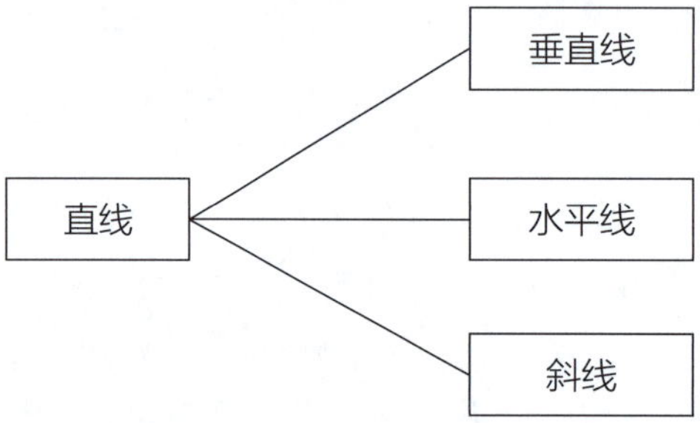

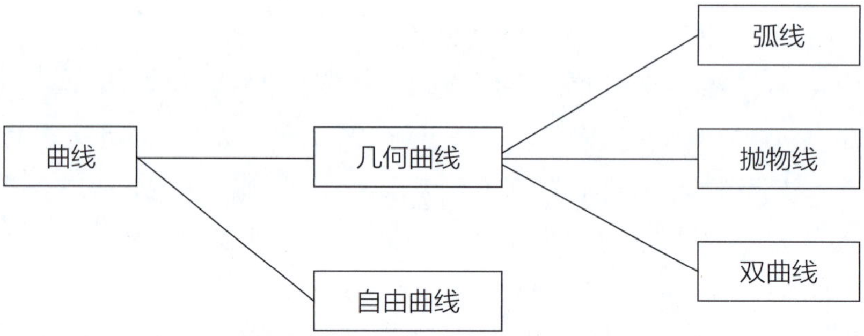

线在空间中起贯穿空间的作用，线有长短、粗细和各种不同的形态，线的排列可构成面。不同的线具有不同的表情：

直线——一般使人感到严格、坚硬、明快。粗直线有厚重、强壮之感，细直线有敏锐之感。不同的直线具有不同的表情。

垂直线——表示上升、严肃、端正，有使人敬仰之感。

斜线——有不安定、动势、即将倾倒之感。

曲线——由于长度、粗细、形态的不同而给人的感觉不同，一般有温和、缓慢、丰满、柔软之感。

几何曲线——给人以理智、明快之感。

抛物线——有流动的速度之感。

双曲线——有对称和流动之感。

自由曲线——有奔放和丰富之感。

（3）面 面分以下几种：

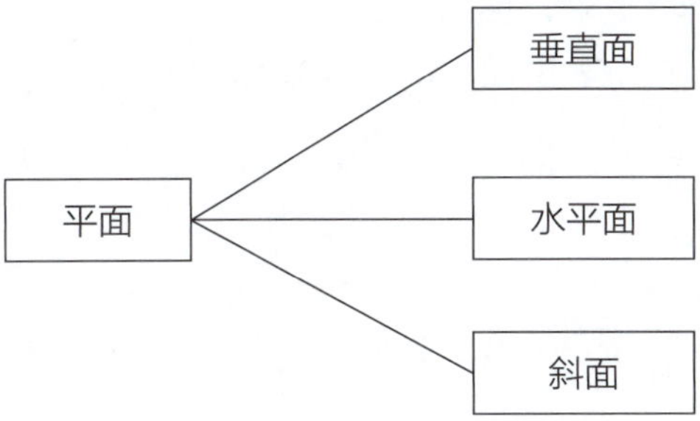

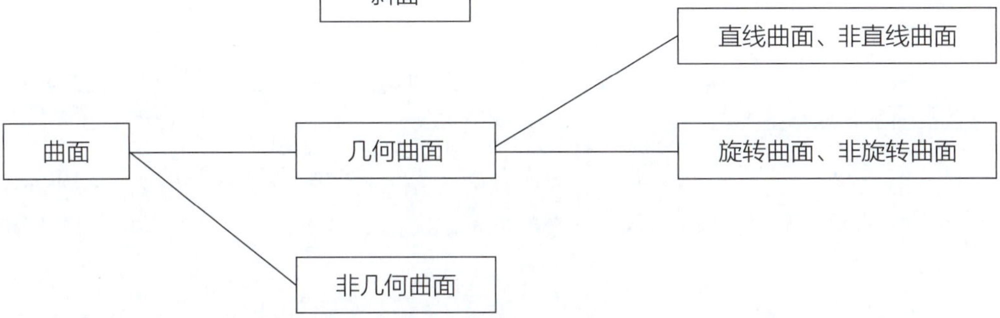

面在空间中起分割空间的作用，切断立体可得到面，由于切的方法不同，可得到各种不同的面。面的表情主要依据面的边缘线而呈现。

（4）体 面的排列堆积成体，体有占据空间的作用。体的表情除了依外轮廓线的表情而定之外，还常以体表来衡量，厚的体量有庄重、结实之感，薄的体量有轻盈之感。

（5）肌理 即形态表面的组织构造。任何自然形态都有自己的肌理，在立体构成中可用折叠、凹陷、雕刻、镂空等手段表现肌理。不同的肌理有助于表达不同的表情。

（6）空间 形态的外围即是空间，各形态中的间隙也构成空间，此外在实体上穿孔、凹陷以及利用透明体和反光体都是表现空间的手段（透明体、反光体是制造心理上的空间感而并非实在的空间）。利用空间可使人感到轻巧，并可增强形态的丰富、深入感。

形态和空间的关系是一对矛盾，形态增大，则空间减少；形态减少，则空间增大。当形态在空间转动后还会产生一系列不同的形态。如正方体平放时是静止庄重的，但转动后形态的表情则富有动势。

二、立体构成的方法

1. 线的构成

线是以线材（细丝、粗条）为基本形态，用渐变、交叉、放射、重复等方法构成。

2. 面的构成

面是以切片（薄片、厚片）为基本形态，用渐变、放射、层面排出等方法构成。

（1）渐变　指一个基本形态的渐次变化，可看到一个变化的过程，有形状、大小、厚薄、高低、方向、曲直的渐变，还可同时出现两种渐变因素的二元渐变。

（2）放射　基本形态向中心集中或由中心向外放射，也可以有两个中心。

（3）层面排出　面按一定的次序排列，因面的形态不同而构成各种不同的立体形态，等于是对一个立体形态进行切片后排列在一起。

3. 体的构成

体是以块材（方块、圆块）为基本形态，用切块和组合的方法构成。

（1）形体切块　在六大基本几何形体上进行切割，这六个形体是正方体、长方体、方锥体、圆柱体、球体、圆锥体，切割方法有平面和曲面切割，由于切割的大小、角度不同而构成各种不同的形态。

（2）多体组合　依据对比、调和、节奏、韵律、统一、变化等形式美的法则构成组合，先确定一个基本形态，然后以此基本形态的大小、高低、厚薄、方向和线型的协调来组合。

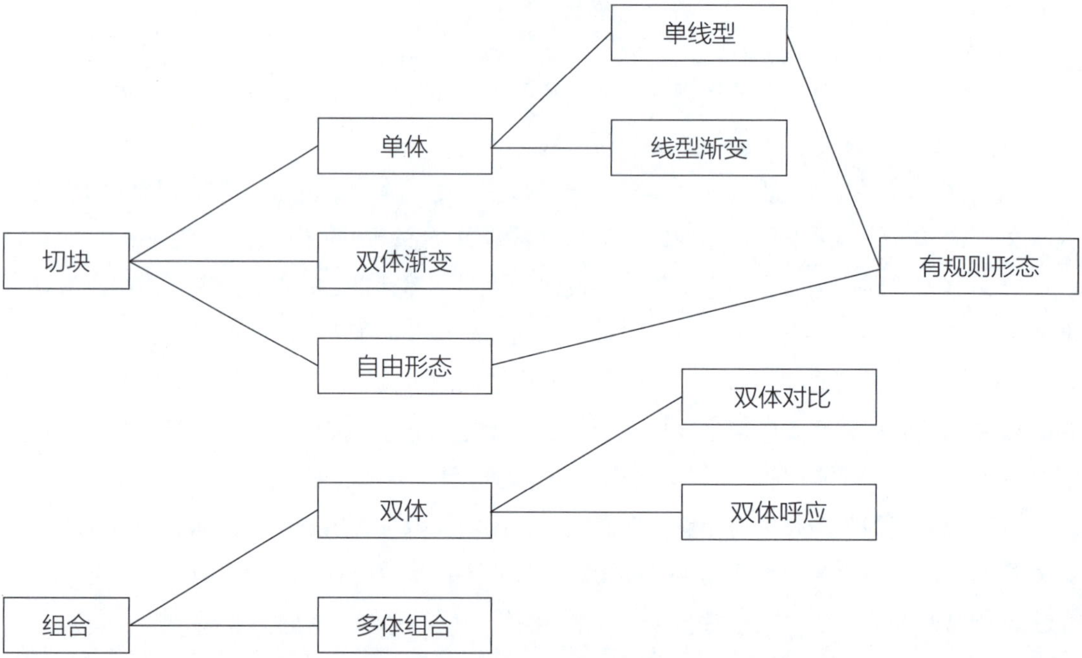

4. 构成练习

为了加深对立体形态的认识，必须亲自动手做很多练习，一般用较厚的纸（薄白卡和绘图纸均可）和黏土、石膏、萝卜、土豆等原料。

（1）用纸（32开）做成圆筒，运用不同的表现手法构成性格不同的形态。

（2）用纸做多体组合和层面排出：先确定一个基本形态（假定是圆柱体），然后将圆柱体的高低、大小、厚薄和方向进行变化，再加上柱端、柱面和柱边的变化来构成各种不同的组合形态，还可做各种层面排出的形态。

（3）用土豆和萝卜依据花卉、动物、器物及人物形体特点做组合和切块练习。

切块时注意局部和整体之间线型的变化和协调以及体量上厚薄的变化。组合时注意线型的协调和形体在空间转动后出现的变化。

三、立体构成的设计

由于现代人的生活节奏加快，食品造型设计趋向于简练，突出造型形态和原料色彩的美，因而立体构成的原理、方法也随之发展且日益系统、完善。不少现代食品强调形态本身的美，几乎就是立体构成的作品。现代造型都可用立体构成的原理去分析，在符合食品的功能要求和内部结构合理这一原则下，形态的造型都是以立体构成为基础。为设计出功能好、形态美的造型，必须做大量的、系统的立体构成习作，作为形态的储存。这样在进行具体的设计时，脑中的立体形象就丰富，办法就多。因此我们研究、学习立体构成的目的之一就是为了培养对立体形象的丰富想象力，树立完整的立体概念和培养对立体形象的直觉能力（一种对立体形象直觉的鉴别能力），因为美的形态创造要靠设计者的艺术修养和对立体形象的直觉能力来判断。由此可见，立体构成对食品造型设计是至关重要的。

第五节　烹饪图案与文字装饰

美术字是经过装饰美化的文字形式，是图案的有机组成部分。它是从汉字印刷体中的仿宋体等字体发展而来，大体上可分成“宋体美术字”和“装饰体美术字”两种。

美术字，因是将一般的字用图案方法加工、美化而成，所以又称图案字。它在糕点美术中使用广泛，可作点缀装饰，也可起宣传作用。由于美术字常给人以新鲜愉快的感觉，可以使被宣传的内容更鲜明、更突出，所以成为宣传糕点产品必不可少的工具。

掌握美术字的书写，并运用于瓜盅、瓜灯、糕点的制作，是为了食品造型和糕点产品的销售，同时，也是为了满足人们日益提高的对食品美的需求。

一、书写美术字的规则

图书报纸上的字体主要有宋体、仿宋体、黑体等。食品工艺中使用的美术字就是根据这些字体进行了加工、变化而成的。要写好美术字，制作出好的烹饪图案，首先要了解书写美术字的基本规则。

（1）横平竖直 字体的笔画横画要平，竖画要直，粗细要均匀，笔画要统一。不论手写体或仿宋体，在写横画时都可略向上方倾斜。

（2）笔画统一 每种字体都有它特有的笔画特点，如宋体横细竖粗，而黑体则横竖一样粗细。因此，写一种字体时，须按照这种字体的笔画特点来写，才能达到统一美的要求。

（3）上紧下松 书写汉字要求上紧下松。字的主体笔画多偏于上半部，这样视觉上才比较舒适、稳定，长形的字尤宜如此。

（4）大小一致 书写美术字必须做到美观、完整、统一。

二、书写美术字的注意事项

为了充分发挥美术字在烹饪图案装饰和展示等方面的作用，在制作美术字时，除了正确运用上述法则外，还要注意以下几点。

（1）正确性 烹饪图案中的美术字是一种经过艺术化了的字体，但在字形结构上仍应根据现行汉字的规范要求，力求正确，使购买者一看便能认识。所以在制作糕点美术字时，不要过分变动字形或搬动笔画，致使顾客不易识别。在加工处理上，必须遵照字体的传统习惯。简化字要以国家公布的简化汉字为依据，不能生造。

（2）艺术性 烹饪工艺中美术字的特色就在于具有装饰美和艺术魅力，可以吸引消费者的注意，从而达到展示食品、刺激消费者的食欲、扩大销售、促进生产发展的目的。它的艺术性特点表现为单字美观活泼，既具有整体美，又适合一些食品造型、装饰的需要，字与食品装饰画面相适应，具有和谐协调的美。

（3）思想性 美术字本身没有思想性。但当美术字用于食品工艺美术中，经过加工，配置在一定的图案中，就反映出人们的思想感情。不同的美术字，在糕点美化装饰中，其应用对象和范围是不同的。基本要求是：必须用最简练、最概括、最准确、最生动的字型，集中地表达一项或几项事物，给食者以鲜明和强烈的印象。如果制作的美术字与糕点的造形、图案装饰所表示的思想内容不适应，就会降低食品图案的装饰效果，当然也就谈不上什么思想性了。

三、烹饪工艺美术中常用的几种字体

食品同人们的生活密切相关。如糕点上常常用文字直接表明某种含义，以便消费者选用。因而文字在糕点中的应用就越来越重要。就目前而言，食品工艺中常用的主要字体有印刷体和手写体以及由这两类字体演变而成的美术字体。

据历史记载，我国的文字始于象形文字，春秋战国时为“大篆”，至秦代变“大篆”为

“小篆”，不久又将“小篆”简化为“隶书”，到了汉代，又把“隶书”写成“楷书”，以后又简写成“行书”“草书”等字体，一直沿用至今。目前食品工艺美术中的印模用字、果仁嵌字及直接用毛笔蘸色素书写用字等，大多属这类行书、草书类的手写体。

人们在日常生活中所接触的汉字，基本上也就是印刷体和手写体两类。随着科学文化的发展，生产社会化的需要，印刷体的使用比手写体多得多。书报上使用的各种印刷体与人们的日常工作、学习、文化、生活息息相关，印刷体自然成为食品工艺美术中常用的美术字体，被人们广泛接受，且能较好地达到装饰、美化、展示食品的目的。下面介绍烹饪美术中常用的几种印刷体的字形及写法。

（一）宋体字

1. 宋体美术字的特点

宋体字在我国印刷史上使用很早，直到现在各种报刊印刷品仍广泛采用这种字体。

宋体字之所以经久不衰，主要是因为它在我国文字史上具有重要的意义。宋体字美观大方，足以代表我国文化的特有风格。字形方正严肃，横细、竖粗，使横多竖少的汉字显得更挺拔，并且容易产生美观、舒适的感觉。

正由于宋体字具有以上优点，才被报纸、杂志普遍采用，也正因为它是文化教育的主要用字之一，才成为了食品工艺美术中制作美术字的重要字体依据。食品工艺美术中采用这种字体，会产生一种大方、严肃、端正、肃穆的感觉，能恰当地传达出像“龙凤呈祥”“鹤寿万年”“民族兴旺”等菜肴、面点造型图案中所包含的思想情感，充分显示出我国汉字的表现力。

2. 宋体美术字的形式

宋体字从其形式上分，有长宋体和扁宋体两种。它们都是由宋体字变化而来的，是“印刷体”或糕点美术用字中较为新型的一种字体。无论长宋体还是扁宋体的形态，都保持了宋体中的“横细、竖粗”的一贯精神，就其整体来说，不过是将宋体拉长或缩扁而已。因此，它们实质上是宋体字的一种美化形态，是变形后的宋体美术字。这种变形方法，对于烹饪工艺美术是极有用处的。因为食品的造型是千变万化的，烹饪图案中文字与其他纹样的配搭也是千变万化的。宋体美术字的自由变形，正好适应了这种变化，方便了烹饪图案的制作。

3. 宋体美术字的书写

宋体字的书写一般要用工具。写时可横笔细瘦，竖笔粗壮。其他笔画，如点、撇、捺、钩等则视其整体情况酌情变化，宽度大致与竖笔相等。其基本要求是排列上力求整齐、平衡，笔画须平直、准确、均匀。烹饪工艺美术中书写这种字体，基本上保存了汉字的原态和精义，但为了避免印刷字的呆板、拘谨，制作时不可单纯地模仿，必须根据糕点工艺的需要，适当作局部改动，使之与糕点的形、质、量及表面装饰相符，力求表现得生动活泼（图3-16）。

烹饪工艺美术

图 3-16　宋体美术字

（二）黑体字

1. 黑体字的特点

黑体字是一种比较新型的字体。它的笔画较其他印刷体要粗得多。黑体字用黑色印出远看方黑一团，故又称方体字。其特点是笔画粗壮，厚实有力，具有雄壮的外形，易于表现热烈的气氛，在烹饪工艺美术中，常用在喜庆的图案中（图3-17）。

烹饪工艺美术

图 3-17　黑体字

黑体字适合用字较少或需引人注目的糕点图案，是烹饪工艺美术中常用来装饰食品和展示食品时的一种字体。

2. 黑体字的书写

书写黑体字时，横笔、竖笔一样粗壮。点、撇、捺、钩的粗细程度也要和横笔竖笔相适应，否则，会出现不平衡状态。也正由于它的字形粗壮，笔画多时，就不易组织，字形易流于臃肿。遇到这样的情况，要适当加工变化，使之粗细得体，以达到整体的美观大方。

因为黑体字的笔画粗壮，所以对一些笔画特别多的文字要妥善安排。在无法用相同粗细的笔画书写时，对某些稍次的笔画可适当调整，而对另一些笔画较少的文字，要保持其与其他笔画多的字在形态上的平衡和统一。

此外，由于不少美术字的形态都是从这种黑体字里变化出来的，所以，多阅读这种字体，对我们书写美术字时掌握字形的变化、处理个别难字等大有帮助。

（三）楷体字

楷体字常用于糕点的印章、印模及部分裱花图案。

楷体字是用毛笔书写的正楷体。它在烹饪工艺美术中应用范围虽不及宋体、黑体、行书等字体广泛，但由于它书写方便、经济、灵活，所以也是烹饪工艺美术中不可忽视的一种字体。

楷体字的优点在于其书写要求不像宋体、黑体那么严，比较灵活、自如，能自由变化笔画，生动有致，且富于活力。若书写得好，可给人以“铁画银钩”“横扫千军”的感觉。当然楷体字不如行书、草书活跃、自由，但比起其他字体仍然生动得多。另外，因其字形较娟秀，庄重气氛不够，故不宜用在端庄、肃穆的糕点图案中。

根据楷体字的特点，我们在制作美术字时，要根据不同食品的需要，一方面使制成的美术字在神韵上保持楷体字原有的艺术风格和特有的形态，另一方面，在笔画上要稍加变化，以增强它的规范性，或适当加以装饰，使它不仅具有内在美，而且具有优美的外形，以达到装饰美化食品的目的（图3–18）。

烹饪工艺美术

图 3–18　楷体字

另外，烹饪工艺美术中还常用行书、草书、篆书及变形英文、汉语拼音等字体来装饰美化食品，但由于它们多涉及书法艺术，且流派甚多，所以在使用这些字体时可因人、因物、因生产工艺的需要而异，采用相应的方法来美化糕点，形式可更加自由、灵活。它们各自的书写方法及特点等，另有专门著述介绍，这里不再赘述。

四、美术字的结构

要写好美术字，除了准备好工具，运用好工具外，更重要的是熟悉美术字的间架结构，掌握其特点，才能正确地去表现它。

（一）主笔和副笔

美术字的笔画问题，是学习美术字结构的第一个重要问题。美术字的笔画有主笔和副笔之分。主笔主要指横和竖，在单字中占主要地位，像人体的骨架，没有它的支撑，人就站不起来。副笔是指点、撇、捺、钩等，犹如人体的血肉、器官，没有它，人体就不完整。可见主笔和副笔虽有主次，但相辅相成、缺一不可。

对主笔的要求是横轻竖重，即横笔要轻、竖笔要重，不可轻重不分。主笔和副笔的变化应主要在副笔上调整，主笔只能作适当伸缩，否则会影响美术字的整体感和统一性。因此，副笔也就称为美术字装饰的主要对象了。

（二）部首练习

主笔和副笔是对不同的笔画在每一个单字中的地位而言的。但就一个单字的组成来说所有的字都是由部首组合而成的。所以，学习制作食品美术字，第一步就应当学习部首的制作，为写好美术字打下良好的基础。当然练习部首并不等于就能写好单字（一些部首即是单字的例外）。部首作为一个单字的组成部分时，它的间架结构（大、小、长、短等）必须服从整个单字的需要，该长的就延伸，该短的就收缩。部首中的笔画形态放在单字中不是一成不变的，而是变化不定的。因此，在练习部首时应充分注意到这一点，加强对部首各种形态的练习，为进一步学习制作美术字打下坚实的基础。

（三）汉字的形体和比例

1. 汉字的形体

美术字是一种艺术化了的汉字。要写好美术字，仅了解一些关于美术字的特点和要求的基础知识是不够的，还需要对汉字（主要是现代汉字）形体做进一步的了解，只有加深对汉字形体结构的认识，达到理性和感性、理论与实践两方面的结合，才能学好美术字制作。

我国是世界上具有悠久历史的文明古国之一。我国最早的文字是从商朝的“甲骨文”开始，经过几千年的不断发展和演变，到今天汉字已经成为一种独特性的文字体系。它在形体和结构方面都有其自己的规律。这里主要介绍汉字笔画、结构、笔顺等基本知识。

所谓汉字的形体，就是指汉字的字形，它还包括笔画和结构两个方面。

汉字的笔画，和前面所讲的几种美术字的笔画一样，基本的有五种，这就是：点、横、竖、撇、捺。这五种基本笔画可以演化出其他一些笔画，共有20多种，任何一个汉字都不出这些基本笔画和变化笔画的范围。可见笔画是构成汉字最基本的部分，没有笔画也就没有汉字。美术字的笔画构成和汉字相似。

汉字的结构是指组字构件的组合方式，现代汉字一般有上下结构、上中下结构、左右结构、左中右结构、半包围结构、全包围结构和品字结构。

了解了汉字的笔画和结构，还要了解书写这些汉字的正确笔顺。正确的笔顺是千百年来使用汉字的人书写经验的总结，因而是约定俗成的。掌握正确的笔顺方法，按正确的笔顺写字，就可以把字写得更好一些，更快一些。一般人们把汉字正确的笔顺概括为这样几种：先上后下，先左后右，先横后竖，先撇后捺，先进入后封口，先中间后两边。

2. 单字结构中的比例

在制作美术字的时候要充分考虑前面所讲的汉字的这些特点，计算好各部分在方格内的比例，同时还要注意各部分的联系。这样，写出来的美术字才匀称、平稳和饱满。所谓比例问题包括几个方面：首先是整个单字的竖长和横阔之间的比例，其次是组成单字的各部首间的比例。另外，周框型字的框内框外，也须有一定的比例。这些都要在下笔前有所考虑。当然按部首、结构来分割，也不是所有的字都适用。有的字有几个部首，就必须有大有小，有长有短，才不至于拘谨呆板。

一般来说，带有框的汉字，如国、圈等，这类字框内笔画较多，容易产生臃肿现象。为了避免这一现象，就必须掌握好框内外的比重。通常这种周框的外框边线不能顶字格，应向内收缩，否则，容易显得比周围的字大。又如“日、月、口、目”等字，当它们单独作字时，要将其高度、宽度有意延伸，否则会出现不协调的现象。繁字要收缩，不要使它膨胀；简字要调整，使它不因笔画少而孤单，书写时使它局部出格，延伸宽度和高度，以求得协调。总的原则是必须符合传统习惯和生产工艺的要求。

五、变形美术字的设计

变形美术字是在前面介绍的一般美术字的基础上，根据生产工艺的要求，进一步进行艺术加工而形成的一种生动活泼、富于变化的装饰美术字。它在一定程度上摆脱了一般美术字在字形和笔画上的约束，从美观的需要重新灵活地组织了字的形体，加强了文字表达的意义，因此具有更强的艺术感染力。

在装饰美术字的制作过程中，有自由发挥的一面，也有受条件制约的一面。如糕点造型中的变形美术字，一方面要受到产品质量、销售对象的制约，另一方面，又要受到圆、方、条、棱等造型的影响。所以，在糕点美术中，将美术字进行变形处理，必须把变形美术字自由发挥的一面与受客观条件制约的一面妥善结合起来，才能取得良好的效果。

1. 改变字形的原则

变形美术字虽较一般美术字自由，但也不是没有规则的。美术字的美就在于整齐、统一和完整，因此变化字形必须遵循在保持基本笔画不变的前提下，体现出自由中有集中，变化中有统一，以适应糕点图案的需要。

2. 简化与变形

变形美术字主要是通过简化和变形两种手段形成的。简化就是让笔画过繁的变得简单一些，以求得与邻字相协调，也才能腾出空间来进行装饰。相反，要对过于简单的字作繁化处理。但不论简化或繁化，都应使人容易识别。

变形就是将单字的副笔进行艺术装饰，使它更美，更符合糕点装饰的需要，并具有象征文字的含意。如要表达热烈的气氛，可以通过扩大竖线的比例，再将原来的曲线作适当夸张、变形处理。在简化与变形中直线与曲线要使用得当，使两者相得益彰（图3-19）。

图 3-19　变形美术字

◎ 关键词

图案　图案设计　烹饪图案变化　夸张　变形　简化　添加　平面构成　立体构成　文字装饰　美术字

◎ 本章小结

1. 图案是一种装饰性和实用性相结合的美术形式。
2. 图案设计，可以画出设计图，也可以不画设计图。
3. 烹饪图案变化，是指把写生来的自然物象处理成烹饪图案形象，它是烹饪图案设计的一个重要组成部分。
4. 图案的夸张是用加强的手法突出物象的特征，是图案变化的重要手法。
5. 图案的变形手法是要抓住物象的特征，根据烹饪工艺加工的要求，按设计的意图作人为的艺术处理和变形处理。
6. 简化就是为了把形象刻画得更典型、更集中、更精美。
7. 添加手法是将简化、夸张的形象，根据设计的要求，使之更丰富的一种表现手法。
8. 装饰图案的平面构成，取决于它的题材、内容和食品的形状、制作。
9. 立体构成研究形态和空间以及构成的方法、法则。
10. 美术字，因是将一般的字用图案方法加工、美化而成，所以又称图案字。

■ 思考与练习

1. 图案的概念是什么？
2. 图案在生活中有哪些用途？
3. 烹饪图案夸张、变形的主要目的是什么？
4. 烹饪图案变形的方法有哪几种？
5. 根据写生稿，用夸张、变形手法设计两张平面图案。
6. 烹饪图案简化、添加的意义是什么？
7. 平面构成在烹饪造型中的作用如何？
8. 根据写生稿分别采用简化、添加手法设计两幅平面图案。
9. 举例说明立体构成在食品造型与食品雕刻中的应用。
10. 文字在烹饪图案中的作用如何？
11. 美术字练习作业两幅。

第4章

烹饪造型形式美法则

◎ 知识目标

1. 了解什么是形式美、形式美的构成要素。
2. 掌握形式美的基本法则、形式美的应用范围。

◎ 能力目标

1. 熟练掌握多样与统一、对比与调和、节奏与韵律、对称与均衡、重复与渐次、比例与尺度在烹饪实践中的作用。
2. 掌握点、线、面的形式规律，具有利用规律进行造型的能力。

◎ 知识导读

烹饪图案不仅要有生动优美的形象，还要有人们喜闻乐见的艺术形式。内容和形式的辩证统一是烹饪图案设计必须遵循的基本原则。烹饪图案中使用的形式美法则是人类在创造美的形式、美的过程中对美的形式规律的经验总结和抽象概括，它主要包括变化与统一、对比与调和、节奏与韵律、对称与均衡、重复与渐次、比例与尺度、统觉与错觉。掌握形式美的法则，能够使我们更自觉地运用形式美的法则表现美的内容，创作出美的形式与内容高度统一的烹饪图案。

现实生活中，由于人们的经济地位、文化素养、生活理想、价值观念的不同，会产生不同的审美追求。如果我们仅从形式条件来评价某一事物或某一造型艺术时，就会惊奇地发现，多数人对于美或丑的感觉存在着共识，这种共识是人类社会在长期生产、生活实践中通过积累而形成的具有普遍意义的形式美法则。

形式美是指客观事物外观形式的美。广义地讲，形式美就是美的事物的外在形式所具有的相对独立的审美特性，因而形式美表现为具体美的形式。狭义地说，形式美是指构成事物外形的物质材料的自然属性，如色、形、声及它们的组合规律。如整齐、比例、对称、均衡、反复、节奏、多样的统一等所呈现出来的审美特性，即具有审美价值的抽象形式。事物的外形因素及其组合关系，被人通过感官感知，给人以美感，引起人的想象和一定的情感活动时，这种形式就成为人的审美对象。人类在长期劳动实践活动和审美活动中，按美的规律塑造事物的外形，逐步发现了一些"美"的规律，如多样统一、整齐规律、平衡、对比、对称、比例、节奏、主宾、参差、和谐等。

形式美的构成首先依靠具有色、线、形、声等感性因素的物质材料。在各种不同的作品中，线条、色彩、声音以某种特殊的方式组成某种形式或形式间的关系，从而激起人们的审美情感。由于历史的积淀，不同的颜色、线型、形体和声音都代表着不同的寓意。例如，白色代表着纯洁、浪漫、潇洒、高贵和清爽；橙色表示兴奋、喜悦和华美；而蓝色则表示秀丽、清新和宁静。垂直线常常意味着严肃、端正；水平线则常与平稳相关；倾斜线代表着动态和不稳；曲线则意味着流动和优美；三角形意味着稳固和权威；正方形让人感到坚实、方正；圆形则传递出周密圆满的信息。优美动人的旋律使人感到愉悦和舒适；噪声不但会对人的生理功能造成影响，还会引起人的情绪波动，使人变得烦躁不安；而尖锐刺耳的噪声则意味着情况危险或紧急。正是依靠以上各种元素按照一定的规则进行排列组合，才最终形成了烹饪的形式美。

形式美是烹饪工艺美术的一个重要范畴，它是客观规律在烹饪艺术创作中的具体应用。形式美和美的形式是两个不同的概念。美的形式是指表现了具体内容的具有形式美的形式。体现形式美的抽象形式是针对独立的审美对象，它体现的情致意味具有概括性和普遍性；美的形式不是独立的审美对象，总是与一定的社会生活内容相联系，它体现的意味、意义是一定的。

第一节 变化与统一

和谐为美，是一种极其古老的美学思想。中国古代的哲学家们认为，整个宇宙和人类社会，按其本性来说是和谐的，而最高意义上的美，就存在于这种和谐之中，即所谓“大乐与天地同和”。《春秋·国语》中记史伯的一段言论，提出“和实生物，同则不继”的思想。所谓“和”，就是把相异的东西加到一起，虽然数量上有所增加，却不能产生新的东西。用尽了也就完了，即所谓“以同裨同，尽乃弃矣”。根据这种思想，他提出“和五味以调口”“和六律以聪耳”以及“声一无听，物一无文，味一无果”的看法。这种朴素的看法包含有这样一个基本思想，即单纯的一，不称其为美，唯有多样的统一，才称其为美；美存在于事物的多样统一之中；这种多样性的统一，就叫作“和”。不仅如此，中国古代哲学家还看到“多样统一”中的“多”，并不是一种无规律的“杂多”，而是各种对立因素构成的有规律的“多”。包含有事物互相排斥的对立因素在运动过程中大致相对均衡，和谐的意思，所谓“相成”“相济”，即相辅相成，配合适中，达到和谐统一。

唯物辩证法也认为，矛盾普遍存在于自然界、人类社会和人类思维等领域，矛盾的多样性决定了事物的多样性。同时，世界上的事物又是普遍联系的，事物之间会通过某种特定的形式达到相互间的有机统一。变化与统一规律是对立统一规律在图案设计中的具体应用，是同一事物两个方面之间的对立统一，适用于所有的造型艺术，烹饪工艺美术也不能例外，它是构成图案形式美最基本的法则。

变化是由性质相异的图案因素并置在一起，造成显著对比的感觉。一般用省略与添加的手法，来打破图案的呆滞与单调，使主题突出，色彩明朗，造型活泼，富有生命气息。

变化是由烹饪图案造型中各个部分的差异性造成的。原料的多样性、形式的多样性，是造成差异性的根本原因。但是这些差异性之间又是有根本联系的，一个完美的花色拼盘在原料的选择、造型的安排、纹样的组织、色彩的配置方面，都是丰富而又有组织的，绝不是单调的、杂乱无章的，整个图案要从变化中求得统一的效果。如明与暗、长与短、大与小、方与圆、近与远，等等，这些不同的、相异的、矛盾的东西，如果统一起来，就会产生奇异的效果。

统一是把性质相同或者相类似的图案因素并置在一起，形成一种一致的感觉。在烹饪图案设计中，纹样的内容和形式都要有一致性，以达到整体效果的完美无缺。在色彩的调配上，必须运用艺术的集中手法统一在一定的烹饪图案组织之中，从而使各个变化的局部有中心、主次，整齐、规则地构成有机整体，使整个烹饪图案严肃、庄重，富有静态感。万花筒中又小又碎的彩色玻璃片，用三角反光镜片集中起来，就会形成万花争艳的美妙图案。

变化与统一法则，就是在对立中求调和。如烹饪构图上的主从、疏密、虚实、纵横、高低、繁简、聚散、开合等；形象的大小、长短、方圆、曲直、起伏、动静、向背、伸曲、正反等。如果处理得当，整体就会获得和谐、饱满、丰富的效果。如果处理得不好，就会使人感到杂乱、零碎或单调、乏味。

图 4-1 松香海肠包

变化与统一是对立的，又是相互依存的。其中变化是绝对的，统一是相对的，要在变化中求统一，在统一中求变化，整体统一，局部变化，局部变化服从整体，“变中求整”，“平中求奇”。烹饪图案总是具备变化和统一两个方面的因素，但体现在某一具体作品上，总是较多地倾向于其中的一个方面。如图4-1的“松香海肠包”就是变化与统一的图例，以盘中的凸面原料为中心，与四周相对应的原料，形成变化和谐的统一。

第二节 对称与均衡

对称，也称均齐，即在一条中轴线上，对称的双方或多方同形、同色、同量，具有稳定、庄重、整齐、宁静之美。它体现了秩序和排列的规律性。

对称不仅在数学王国中存在，在生活中也无处不在。儿童画人形，每每在中心画一个躯干，上端画一个大脑袋，在左右各伸出手，左边一足，右边一足。这是他们头脑中人形的意象的再现。这个图形正是图案中最明确、最简练的形式，也是一个完整的对称、均齐形式。这是因为婴儿生下来第一眼看到的是母亲的容颜，她是对称的完整形，儿童对这种完整形态感到亲切和愉悦，因此对完整形产生了美感。图案中的完整美是人类共同追求的艺术形式，在古埃及的金字塔上，在古希腊的神庙上，在中国古代的宫殿和庙宇中，都包含着这种庄严、稳定、宁静之美。这种美在形式上表现为均匀、对称和均衡。

对称的形式主要有相对对称、相反对称和多面对齐等。

在中心线或中心点左右、上下或周围配置不同形状、不同颜色但量相同或相近的纹样，称为相对对称。如什锦冷盘的纹样，冷菜中的对拼（也叫对镶）。在中心线或中心点左右配置形状相同而方向相互颠倒的纹样，称相反对称或逆对称。

在中心点四周配置两个以上相同的纹样，称为多面对齐。

对称的共同特点是稳定、庄重、整齐，但绝对对称又会使人感到呆板。为了避免这种情况，人们常常在对称的形式下，采取局部细节调整的手法，以增加动势的趣味。如古埃及、古希腊、古罗马以及中国古代建筑群式样，大致都是对称、均匀的完整式样。对称在烹饪工艺造型中有较为广泛的应用，其形式主要有左右对称、上下对称、斜角对称和多面对称等。

图 4-2　荷塘月色

均衡是指纹样在假设的中心线支点两侧量的平衡关系。它包括两种类型：一是天平称物，力臂相同，同量但形不同；二是若中国秤称物，力臂不同，形不同而量相等或相近。与对称形式相比，均衡较为生动、活泼和变化，但也比较难掌握。因为均衡仅仅是一种感觉，主要依靠经验，而不可以用数理方法进行计算。图4-2“荷塘月色”就是均衡图例。拼盘中的蝴蝶与鲜花相对应，给人以平衡的感觉，使整个盘面稳定且富于变化。烹饪工艺美术专家周明扬先生认为，对称好比天平，而平衡好比天平的两臂。在烹饪图案应用中，对称和均衡常常是结合运用。对称形式条理性强，有统一感，可以得到端正、庄重的效果。但处理不当，又容易呆板、单调。平衡形式变化较多，可以得到优美活泼的效果。但处理不当，又容易造成杂乱。两者相结合运用时，要以一者为主，做到对称中求平衡，平衡中求对称。

图 4-3　园林建筑

中国古代的宫殿一般是在真山水上采用叠石置山、建筑房屋形成园林的方法，在大面积的空间采用了对称的组合形式而获得完整统一、规模宏大、富丽堂皇的气势。明清江南私家园林（图4-3）则在均衡中以小见大，在有限空间创造出有山有水、曲折迂回、景物多变的环境。在烹饪图案中，往往运用虚实呼应求得造型的平衡效果。如一盘风景造型的拼盘，常以建筑物为实，天空为虚；以花为实，以叶为虚；以龙为实，以云、水为虚；以鸟为实，以树为虚。这样的布局造型，有实有虚，有满有空，互相照应，使烹饪工艺造型更加生动。

第三节　节奏与韵律

节奏和韵律原本都是音乐术语。节奏是指音乐中音响节拍轻重缓急有规律的变化和重复，韵律是在节奏的基础上赋予一定的情感色彩，是音乐内容和思想感情在节奏基础上的个性体现。前者侧重于运动过程中的形态变化，后者是神韵变化，给人以情趣和精神上的满足。

图4-4　草帽

节奏和韵律是音乐的灵魂。当优美的旋律缓缓响起时，人们的心儿会随着音乐一起飞扬，心旷神怡，陶醉其中。这就是节奏和韵律的魅力。后来，韵律和节奏被广泛移植到有关的艺术门类，其意义也得到充分推广，成为形式美的重要法则之一。

节奏是自然界、生物界、人类社会中普遍存在的现象。日月出没、四季更迭、花开花落、生物枯荣、呼吸心跳、移步摆臂都是节奏现象，这是艺术节奏的源头。在烹饪工艺造型艺术中，节奏指某些美术元素有条理的反复、交替或排列，使人在视觉上感受到动态的连续性，形成一种律动形式。它主要通过线条、色彩、形体、方向等因素有规律地运动变化而引起人的心理感受，主要有等距离的连续，也有渐变、大小、明暗、长短、形状、高低等的排列构成。如向日葵的葵花籽产生的组织形式，草帽编织的纹理（图4-4），烹饪原料经刀工处理后的花刀刀纹，都很富有节奏感。

烹饪工艺美术的韵律则是指在节奏中所表现出的像诗歌一样抑扬顿挫的优美情调。韵律表现为运动形式的变化，它可以是渐进的、回旋的、放射的或均匀对称的。把石头投入水中，会出现许多由中心向外扩散的波纹，这种有规律的周期性变化，具有一定的韵律感。在餐厅装饰的放射韵律性的吊灯、形态各异的餐具以及室内饰品陈设，韵律和节奏更多表现在餐饮建筑和餐饮环境设计上。点的大与小、整与散、不同形式的排列能产生诗歌一样的韵律，运用线条的曲与直、粗与细、起与伏也能产生音乐的节奏感，而具有方与圆、长与短、高与矮、不同的形和不同的面都可以形成视觉浏览中一个统一的整体。当大点与小点以聚或散的形式同时在一个面上出现时，大点有近的感觉，小点会给观者远距离的感受，“近大远小”所产生出一种空间之感，在这个空间中线的曲与直、粗与细的排列组合，使人感受到烹饪造型艺术所产生出抑扬顿挫的旋律变化。烹饪造型设计的韵律体现在线条的节奏之中。和音乐的旋律相似，它是一定的内容和思想感情在节奏中的表现，通过点、线、面的聚散起伏、转换更替、交错重叠等来引导观者的视线有起伏、有节奏地移动，同时产生种种寓意和联想，从而体现一定的内容和思想感情，给观者以赏心悦目的优美享受，烹饪造型的韵律是一组形象反映其点、线、面诸要素的完美组合，它经常体现出作者的主观意向，瓜雕图案和蛋糕裱花表现得最为明显（图4-5）。

节奏与韵律，两者之间有非常密切的内在联系。节奏是韵律形式的纯化，韵律是节奏形式的深化，节奏富于理性，而韵律则富于感性。韵律不是简单的重复，它是有一定变化的互相交替，是情调在节奏中的融合，能在整体中产生不寻常的美感。

节奏与韵律法则在烹饪图案的线条、纹样和色彩的处理上体现得较为明显。由于线条纹样、色彩处理得生动和谐，浓淡适宜，通过视线会在时间、空间上的运动得到均匀、有规律的变化感觉。烹饪造型设计中的节奏美感，是点、线、面之间连续性、运动性、高低转换形式中的呈现，而韵律美则是一种有规律的变化，在内容上注入了思想感情色彩，使节奏美的艺术深化。因此，节奏与韵律是相辅相成，不可分割的两个部分。

图 4-5　瓜雕

节奏与韵律在烹饪造型艺术上的应用，不是人们凭空想象出来的，而是客观事物在人们头脑中的反映。在自然界中，春播秋收、花开花落、四季更替、心跳呼吸等，这些呈现在人们面前的物质运动是宇宙间普遍存在的，节奏与韵律的美感形式每时每刻都在丰富着人们的情感体验。它在音乐、舞蹈、绘画、雕塑及各个艺术领域中，成为共同的形式规律。壮观的大海波涛，美丽的湖泊微风荡漾，奔跑在辽阔草原上的骏马，随风翻滚的金色麦浪，无不包含着内在的节奏之美与韵律之美，烹饪造型设计完全可以以自然的艺术形象为基础，运用点、线、面的巧妙组合去反映蕴藏于造型设计艺术中的节奏之美和韵律之美。

第四节　对比与调和

对比与调和，实际也是一种统一。原始人类的装饰多喜欢对比强烈的色彩，农村妇女们至今仍喜欢大红大绿或黑白分明，特别是我国少数民族在用色上更喜欢对比。

对比是指物象的形、色、组织排列、描法、量、质地等方面的差异及由此形成的各种变化，可以取得醒目、突出、生动的效果。形的对比有大小、方圆、曲直、长短、粗细、凸凹等；质地对比有精细与粗糙、透明与不透明等；感觉对比有动与静、刚与柔、活泼与严肃等；方向的对比有上下、左右、前后、向背等；色彩的对比有冷暖、深浅、黑白等。

对比的作用在于使两种不同的东西各显其美。如大小对比，以小衬大，显得大的更大小的更小。如在乌黑的丝绒上摆放晶亮的宝石，在麻布上刺绣丝光的花纹等，都是通过对比的方式反衬出双方的美感。

调和有广义和狭义之分。狭义的调和是指统一与类似。概括地讲，调和就是统一，其具体的表现是安定、严肃而缺少变化。如图案纹样的大小一样或类似；色彩相同或相近；制作技法的统一或类似等。广义的调和是指舒适、安定、完整等。如表现“梅影横窗瘦”或“夜半钟声到客船”之类的意境，把它置身于苏州园林中再好不过了，把它置身于绝壁千仞的环境中就欠妥当了。

对比与调和是矛盾的统一体。对比是变化的一种形式，调和是统一的体现。要注意把握好两者之间的关系，只注意调和会感到枯燥、沉闷；过于强调对比，又容易产生混乱、刺激的感觉。要做到在调和中求变化，在对比中求调和。如中国戏曲中的开场锣鼓，敲打的震耳欲聋，喧闹之后，引起了观众注意，这时，一声刚劲幽雅的琴声和清脆的鼓点，又把人们引入“万木无声待雨来”的境界，在千万双眼睛的期盼下，千娇百媚的唱腔才从演员口中迸发出来。只有这样，唱腔听起来才有韵味儿。这是对比的调和所引起的观众情绪的激动。“万绿丛中一点红”，是一个很好的配色例子。红与绿在色彩上呈补色的对比。“万绿”是指大面积的绿色，“一点红”则是指一小点的红色。这样的绿和红，由于面积上的绝对悬殊，决定了主色调是调和的，整幅画面中又有对比的因素，很好地体现了对比与调和的辩证关系。图4–6“玉扇”中的扇边是绿色的，扇柄是橘红色的，扇面是白色的，在色彩上起到了对比调和作用。

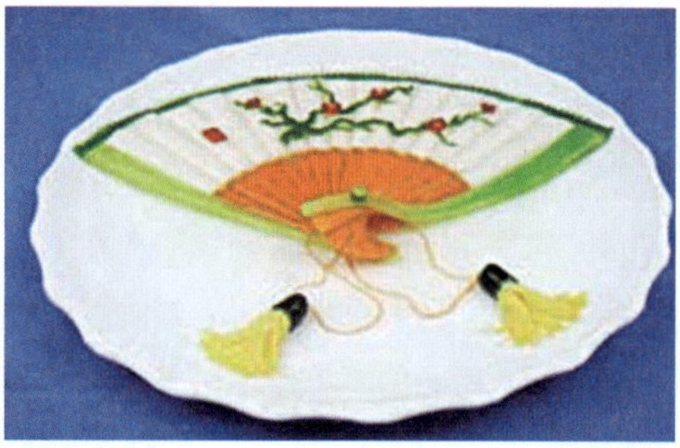

图 4-6 玉扇

第五节 反复与渐次

反复与渐次也是烹饪造型艺术常用的方法之一。鸡在中国传统文化中占有重要地位，锦鸡也成为花色拼盘中的经典菜例。图4–7“锦鸡英姿”的拼摆处理中，将锦鸡羽毛依次渐变排列，层层相叠，使锦鸡羽毛变得非常丰满，反复中见变化，渐次中求和谐。

图案中，配置两个或两个以上的同一要素或对象，就成为反复。反复大都用于图案装饰，以造成节奏感和运动感，使整幅图案呈现律动的效果。一般是渐变的过程越多，效果越好。另外，还有色彩的渐变。在色彩上，由浓

图 4-7 锦鸡英姿

到淡或由淡到浓的渲染也是一种渐变，如黑色渐变成白色，红色渐变成绿色，黄色渐变成蓝色等。其中一些缓和的灰色（中间过渡色）系列也将发挥良好的作用。在烹饪工艺造型中根据设计要求做不同处理，如能运用烹饪原料本身的色泽渐变，会大大增加造型的光彩。

反复就是有规律的伸展连续，或是将一个图形变换位置后再次或多次出现。在同一渐次就是逐渐变动的意思，是将一连串相类似或同形的纹样由主到次、由大到小、由长到短、由粗到细的排列，也就是物象在调和的阶段中具有一定顺序的变动。这种表现形式在日常生活中极为常见，如自然界中物体的近大远小等现象、海洋生物中的海螺生长结构，形象的大小、疏密、粗细、空间距离、方向、位置、层次、色彩的深浅、明暗、快慢、强弱都是渐变现象，在视觉效果上会产生多层次的空间感。人们通过听觉或视觉的感受，作用于生理，产生美感。北京的天坛、杭州的六和塔、扬州的文昌阁等，其建筑结构本身就是巧妙的渐次重复。

渐次不仅是单纯的逐渐变化，同时也具有节奏、韵律、自然的效果，易为人们接受。渐变的形式很多，有方向渐变，基本形的方向逐渐有规律地变动，造成平面空间的旋转感；位置渐变，将基本形在画面中或骨骼单位内的位置有序地移动变化，使画面产生起伏波动的效果；大小渐变，基本形渐渐由大变小或由小变大，来营造空间移动的深远感；形象渐变，两个不同的形象，均可从一个形象自然地渐变成另外一个形象，关键是中间过渡阶段要消除个性，取其共性；虚实及明度渐变，通过黑白正负变换的手法，把一个形象的虚形渐变成为另一个形象的实形为虚实渐变，基本形的明度由亮变黑的渐变效果为明度渐变。

第六节　比例与尺度

大千世界是曼妙多姿的，万事万物都以不同形态展现着自己的特征。但人们在长期的实践活动中发现，万事万物冥冥中暗合某种规律，使人能够感受它的协调之美。后经研究发现，这种协调之美主要来源于比例与尺度。

比例是部分与部分或部分与整体之间的数量关系，它是产生美感的重要因素之一。中国的故宫、苏州的园林、桂林的山水、传统的绘画，都以比例协调著称。中国古代画论中所说的“丈山尺树，寸马分人”，讲的就是山水画中山、树、马、人的大致比例。古希腊数学家、哲学家毕达哥拉斯曾把数当作世界的本源，认为“万物都是数”，“数是一切事物的本质，整个有规律的宇宙组织，就是数以及数的关系的和谐系统”。基于这种哲学观点，他认为美是由数的比例构成的。文艺复兴时期的达芬奇也认为，“美感完全建立在各部分之间神圣的比例关系上。”圣奥古斯丁也说，“美是各部分的适当比例，再加一种悦目的颜色。”

在审美活动中，人们应用最普遍的比例是“黄金分割”。“黄金分割”是古希腊的毕达哥拉斯学派最早发现的，即将整体一分为二的最佳比例关系，约相当于8：5。一般说来，按照1：1.618比例组成的对象表现了有变化的统一，显示了其内部的和谐，符合人们在长期实践活动中形成的生理和心理审美规律，因而得到了人们的普遍认同。帕乔里在《论神的比例》中说："一切企求美的东西的世俗物品，都得服从黄金分割。"十九世纪末期的朱理安·伽代也认为，"优美的比例是纯理性的，而不是直觉的产物，每一个对象都有潜在于本身之中的比例。如果说和谐便是美，那么比例是美观的基础。美感完全建立在各部分之间神圣的比例关系上。"

尽管比例在烹饪工艺美术中得到了广泛应用，也得到了人们的充分肯定，但决不能把它绝对化，世间万物丰富多样，不能都套用"黄金分割"规律。比例从来就不是僵死的东西，很多艺术家有时为了内容的需要，故意改变事物的比例关系来创造特殊的审美效果，以突出其主要特征。

和比例密切相关的另一个特性是尺度。尺度是指人与物的对比关系。比例只能表明各种对比要素之间的相对数比关系，不涉及对比要素的真实尺寸，如同照片的放大和缩小一样，缺乏真实的尺度感。因而，在研究整体与局部给人以视觉上的大小印象和其真实尺寸之间的关系时，通常采取不变因素与可变因素进行对比，从其比例关系中衬托出可变因素的真实大小。这个"不变因素"就是"人"，以"人"为"标尺"是易于为人们所接受的。古希腊哲学家苏格拉底说："能思维的人是万物的尺度。"这种以人为标尺的比例关系就是"尺度"。一般情况下，对比要素给予人们的视觉尺寸与其真实尺寸之间的关系是一致的，这就是正常尺度（自然尺度），这时景物的局部及整体之间与人形成一种合乎常情的比例，或形成常情的空间，或形成常情的外观。要形成一个完美的空间造型艺术，任何一个景物在它所处的环境中都必须有良好的比例与尺度，即是指景物本身与景物之间有良好的比例关系的同时，景物在其所处的环境中要有合适的尺度。比例寓于良好的尺度之中，景物恰当的尺度也需要有良好的比例来体现。比例与尺度是不能分离的，所以人们常把它们混为一谈。

比例与尺度同样适用于烹饪造型艺术，比例与尺度运用恰当，将有助于整体的布局与造型艺术的提高。英国美学家夏夫兹博里说："凡是美的都是和谐的和比例合度的。"所谓合度就是"恰到好处"，"增之一分则太长，减之一分则太短"，就是合度（如图4-8）。

图4-8　比例合度的图例

第七节　统觉与错觉

普列汉诺夫在阐述艺术的起源时曾指出，科学的美学不能给艺术规定一些规律，仅仅是竭力去了解艺术的历史发展是在哪些规律的影响下进行的。

所谓统觉，是人在以心灵感受外界事物时所产生的一种自觉和非自觉的结合、明晰性与模糊性的结合、具象性与抽象性的结合、形象与符号的结合的心理过程。当人在感知某一事物时，还可以获得另一感官才能获得的感受，如听到一个人的声音，就好像见到那个人的形态，由此产生通感。通感把声音变成视觉形象，统觉和通感是审美视觉的再创造。具体地说，当一个图形以一个不断连续的方式向上下或左右重复延伸。我们看到这个图形时，无论视点移到哪个位置，呈现在我们视觉中的都会是一种连贯的整体感觉，协调统一。如图案形式中的二方连续、四方连续等均是产生这种规律的土壤。这种纹样与轮廓融为一体的视觉感受就是统觉。对这种法则的运用，在我国古代装饰艺术中比比皆是，如仰韶文化半坡型之“菱形纹”陶盒，据考证这种菱形纹是由鱼纹演化而来的，陶盒装饰图案中已不见鱼的踪影，所见到的是由扁方格之内黑白对比的三角形配置成一个单元，交替延续而生成的统觉——纹的连绵不断。

错觉是人的知识判断与所观察的形态在现实特征中具有矛盾的错觉经验，是视觉对象受到外来各种现象干扰，对原有物象产生错误的判断。如通过两条平行线加上数条斜线，会造成这两条平行线不平行的错觉。两个同样大小的白色、黑色的圆形，由于错视现象在视觉上产生白色圆形更大的感觉。凝视黑色与白色强烈对比形状时，会在两线条的交叉部分出现微小的灰色点子，形成视觉“残象”。若将错觉的不利因素转化为艺术作品造型的有利因素时，错觉就成了美学研究的对象。雕刻家利用错觉变象来处理人物的比例，广告装潢设计经常利用错觉来达到运动的刺激。错觉可以丰富构思的浪漫色彩，加强形态的动感因素，在矫正错觉中艺术作品形象得到美的夸张，使不利的视觉因素成为艺术作品的特色。

由对称而连续，最后就会产生一种统觉。统觉的反面就是错觉，错觉即视觉的错误。如长短相等的两条线，一横一竖，成丁字形，但看起来竖比横长。又如两个相等的圆，一个置于黑纸上，一个置于白纸上，就会感觉白纸上的圆要比黑纸上的圆大。为什么会这样？前已述及，人的眼睛是横着长的，两个眼睛左右并列，因此看东西的时候由于生理上的反应就会产生一些错误，所以人们眼睛的判断并非绝对的准确。实际上，透视学就是利用了眼睛的这样一种错觉，使人感到不

图4-9　引起错觉的图例

是立体的东西变立体了。这是一种合理的利用，可以叫作“利用错觉”。与之相对应的还有一种“矫正错觉”，就是有意识的调整错觉。最典型的例子就是古希腊的帕特农神庙，其建筑上的每一块石料，每一个部位都是矫正错觉的产物。在艺术设计上错觉随时都有可能出现，我们或者利用它，或者矫正它，凡此都能通过一些几何形明显地表现出来，图4–9本身是静止的，由于眼睛的错觉，却感觉到整个图面有很强的动感。

◎ 关键词

形式美　变化与统一　对比与调和　节奏与韵律　对称与均衡
重复与渐次　比例与尺度　统觉与错觉

◎ 本章小结

1. 形式美是指客观事物外观形式的美。
2. 形式美的构成首先依靠具有色、线、形、声等感性因素的物质材料。各种不同颜色、线型、形体和声音都蕴含着不同的意义。
3. 形式美主要表现为变化与统一、对比与调和、节奏与韵律、对称与均衡、重复与渐次、比例与尺度、统觉与错觉等。
4. 烹饪图案不仅要有生动优美的形象，还要有人们喜闻乐见的艺术形式。
5. 形式的辩证统一是烹饪图案设计必须遵循的基本原则。

■ 思考与练习

1. 为什么说变化与统一是形式美法则中最重要的法则？
2. 设计一幅变化与统一的烹饪图案。
3. 举例说明什么是对比与调和。
4. 设计一幅体现节奏与韵律美的图案。
5. 反复与渐次各有什么特点？
6. 以“锦鸡英姿”为例，说明反复与渐次在烹饪造型中的应用。

第5章 烹饪造型艺术

◎ 知识目标

1. 掌握烹饪造型艺术的基本原理和形式。
2. 了解烹饪造型的操作步骤。

◎ 能力目标

1. 熟练掌握冷菜、热菜、面点、食品雕刻、糖塑、盘饰造型艺术的方法和技巧；培养和提高对烹饪作品的造型能力、审美能力和鉴赏能力。
2. 掌握烹饪造型的美术特征，提高艺术修养，进而激发创新能力。

◎ 知识导读

中华饮食文化源远流长，博大精深。烹饪是科学、是文化、是艺术。烹饪作品作为一种特殊的艺术品，它的艺术性是从食品色泽、造型中得到体现的。烹饪造型艺术不仅要给食用者视觉美的感受，而且还要满足人们的精神享受。这就要求烹饪工作者要有高超的烹饪技术、刀工技法，而且还要具有一定的美术修养。随着人们生活水平的日益提高，烹饪造型艺术也得到了越来越广泛的应用。

第一节　冷菜造型艺术

冷菜造型是指通过拼摆或雕刻加工，使冷菜在形态上得到美化的工艺过程。由于冷菜造型技术性强，艺术性高，通常被人们称为“工艺冷菜”。

冷菜造型的意义在于美化菜肴，突出特色，活跃气氛，增进食欲。经过精心美化的冷菜，色彩绚丽，形态美观，能悦目怡心，给人们以美的享受。

冷菜造型需构思新颖，主题突出；选料认真，用料合理；烹制精细，刀工娴熟；色调明快，装盘美观；并能塑造千变万化、绚丽多姿、形态优美的艺术形象。要达到这个标准，必须具有扎实的基本功，精湛的烹饪技艺，一定程度的文化修养与美学基础。

冷菜造型主要是通过拼摆来实现的。拼摆的步骤一般要经过垫底、盖边、装面三个程序。

① 垫底：在一般的拼盘中，用修整下来的边角碎料或质地稍次、不成形的块、片、段丝等材料，垫在盘子的中间或堆砌在象形物的底部，行话称为“垫底”。垫底的作用，主要在于弥补因造型主题所限而产生的分量不足的缺陷。例如，“松鹤延年”就宜用鸡丝、鸭丝、火腿等铺垫。

② 盖边：用切下的、比较整齐的熟料，把垫底碎料的边沿盖上，叫作“盖边”。盖边的材料要切得厚薄均匀，切好后要视拼摆的角度需要，将边角修整齐。

③ 装面：把质量最好、切得最整齐、排得匀称美观的熟料，先铲在刀面上，再托到盘中间，均匀排列在垫底原料上面，从而把全部碎料、疵料盖严，使整个拼盘整齐美观。这个操作程序称为“装面”。用于装面的那部分原料称作“刀面子”，如鸡的鸡脯和两个大腿，就是刀面的好材料。有的刀面材料，如白肚、肴肉等，宜先用重物压平整后再切摆。

一、不同种类冷菜的造型方法

1. 单拼

单拼（也称“独盘”“独碟”）就是每盘中只放一种切配好的冷菜原料。单拼造型有圆形、方形、桥形、马鞍形、三角形等几何图案，也有自由堆砌、排列的不规则图案。单拼造型（图5–1）要求简洁、实用、整齐、美观。

2. 双拼

双拼是将两种不同冷菜原料拼摆在一个盘内，不但要讲究刀工还要求有色彩对比，简洁明快，整齐美观。双拼造型（图5–2）以对称构图为主，有以圆心为主的两半圆形的对称构图，“S”形对称构图等。

图 5-1 单拼

图 5-2 双拼

图 5-3 三拼

3. 三拼

三拼（图5-3、图5-4）就是把三种不同的冷菜原料拼摆在一个盘内，要求软、硬面结合运用，合理搭配色彩，原料组配适当，使冷盘丰满美观。三拼造型适宜拼摆成三个相对称的马鞍面。至于四拼、五拼都属于同一类型，只不过是多了几种原料，拼摆上略微复杂一些罢了。

图 5-4 多层三拼

图 5-5　什锦拼盘

4. 什锦拼盘

什锦拼盘（图5-5）是把六种或六种以上不同的冷菜原料拼装在一个盘中。什锦拼盘内容丰富多彩，运用多种色彩的冷菜原料，经过精心的构思和拼摆，形成一个整齐美观、琳琅满目、五彩缤纷的图案，给食用者以心旷神怡的艺术享受。

5. 图案拼盘

图案拼盘就是将各种成品原料加工切配好，在选好的盘内拼成各式各样的图形或图案，又称花式冷盘。有动物类造型、植物类造型、器物类造型、景观类造型和其他造型。具体造型有平卧图案、立体图案、综合图案三种。这种拼摆要求加工精细，选料严格，拼成的图案要实用，形象生动、逼真，色彩艳丽，引人食欲。

二、花式冷盘的造型步骤

1. 构思

拼制花式冷盘之前，要根据宴席的要求、规格、内容等确定主题。构思可以取材于现实生活，也可以取材于某些遐想。如现实生活中的动植物、景观等，也可以是夸张、理想化的形象。构思的形象能够使人懂得和理解作品所要表现的主题意境。如寿宴的“松鹤延年”，婚宴中的“比翼双飞”等。

2. 构图

构图是烹饪造型的基础，是将经过构思的内容提炼加工，组织成具体的图案，巧妙地安排在画面上。初学者可以事先用笔在稿纸上勾画出图形，再经修改完善，确定整体效果。保证在接下来的拼摆中心中有数。

3. 选料

图案确定下来以后就要有针对性地选择原料。要选择可食用的原料，不能选用如铁丝、木棍、化纤之类的造型原料。尽可能运用原料的本色去美化菜肴的造型，体现形态的优美和真实。需要黄色可以选择蛋黄糕、黄花菜、熟鲍鱼、鱼肚、橘子；红色可以选择红辣椒、胡萝卜、樱桃、草莓、熟虾、熟火腿、红肠；绿色可以选择绿色蔬菜；白色可以选择蛋白糕、熟鱼肉、熟鱿鱼、白豆干；黑色可以选择海参、木耳、熟冬菇、松花蛋等。

4. 切配

原料选择好了以后，可根据图案的局部要求将原料加工成合适的形状。如垫底用的丝、粒、末、泥等，盖面用的鸡心片、羽毛片、半圆片、椭圆片、柳叶片、月牙片等。刀工处理时要充分考虑原料成形后的大小、厚薄、数量等。不同形状的原料、不同色彩的原料搭配要合理。

5. 拼摆

花色冷盘造型最终是通过拼摆装盘来实现的，要按设计好的原料加工拼制。在拼制过程中，要做到边拼摆边审料，看原料选用是否合理，若发现某种原料不合适，应立即选用合适原料替换。如果拼成之后感觉形象不够生动，应认真修改，直到满意为止。总之，拼摆时不但要具有良好的刀工技巧和选料能力，还要具备随机应变的能力。只有这样，才能使拼盘达到生动自然、美观协调的效果。

三、冷盘拼摆的基本原则

1. 先主后次

在选用两种或两种以上题材为构图内容的冷盘造型中，往往以某种题材为主，而其他题材为辅。如“喜鹊登梅”“飞燕迎春”冷盘造型中，喜鹊、飞燕为主，而梅花、嫩柳则为次。在这类冷盘的拼摆过程中，应首先考虑主要题材（或主体形象）的拼摆，即首先给主体形象定位、定样，然后再对次要题材（或辅助形象）进行拼摆，这样对全盘（整体）的控制就容易多了，解决了主要矛盾，次要矛盾也就迎刃而解了。

2. 先大后小

某些冷盘造型中，具有两种或两种以上构图内容的物象，它们在整体构图造型中占有同等重要的地位，彼此不分主次。如“龙凤呈祥”“鹤鹿同春”“岁寒三友”等，其中的龙与凤，鹤与鹿，梅、竹与松，它们在整个构图造型上很难分出主与次，彼此之间只存在着造型和大小上的区别；在以某一种题材为主要构图内容的冷盘造型中，这一物象经常以两种或两种以上姿态出现，如“双凤和鸣”中的双凤，“双喜临门”中的双鹊，彼此之间在整个构图造型中，仅有姿态、色彩、大小、拼摆方法上的差异。在这种情况下，拼摆时要遵循“先大后小”的基本原则。我们应先将相对较大的物象定位，再拼摆相对较小的物象，这样就不至于“左右为难”了。

3. 先下后上

不管是何种造型形式的冷盘，冷盘材料在盘子中都有一定的高度，即三维视觉效果。在盘子底层的冷盘材料离盘面的距离较小，我们称其为“下”；在盘子上层的冷盘材料，离盘面的距离相对较大，我们称其为“上”。“先下后上”的拼摆原则，也就是我们平常所说的先垫底后铺面的意思。拼摆过程中垫底是最初的程序，也是基础。其主要目的是使造型更加饱满、美观。如果垫底不平整，或物象的基本轮廓形状不准确，想要使整个冷盘造型整齐美观，是绝不可能的。正如万丈高楼平地起，靠的是坚硬而扎实的地基。因此，“先下后上”是我们在冷盘拼摆中应遵循的又一基本原则。

4. 先远后近

在以物象的侧面形为构图形式的冷盘造型中，往往存在着远近（或正背）问题，而这远近（或正背）感在冷盘造型中，主要是通过冷盘材料先后拼摆层次来体现的。我们在拼摆雄鹰展翅时，外侧翅膀一般表现出它的全部，里侧翅膀（尤其是翅根部分）由于不同程度地被身体和外侧翅膀所挡，往往只需要表现出它的一部分。因此，在拼摆两侧翅膀时，要先拼摆里侧翅膀，然后拼摆外侧翅膀，这样雄鹰双翅的形态才能自然逼真，符合人们的视觉习惯。

在冷盘造型中，要表现同一物象不同部位的远近距离感时，除了要遵循“先远后近”的基本原则外，还要通过一定的高度差来表现。较远的部位要拼摆得稍低一点，近的部位要拼摆得稍高一些，只有这样，物象的形态才能栩栩如生。

5. 先尾后身

鸟类题材在冷盘造型中应用非常广泛，大到孔雀、凤凰，小到鸳鸯、燕子。我们在制作以鸟类为题材的冷盘造型时，应先拼摆其尾部羽毛，再拼摆其身部羽毛，最后拼摆其颈部和头部羽毛，这样拼摆成的羽毛才符合鸟类的生长规律。有些冷盘造型中，鸟的大腿部也是以羽毛的形式出现的。在这种情况下，我们应先拼摆大腿部的羽毛，再拼摆其身部的羽毛。

四、冷盘拼摆的基本方法

1. 弧形拼摆法

弧形拼摆法是指将切好的片形材料，依相同的距离按一定的弧度，整齐地旋转排叠的一

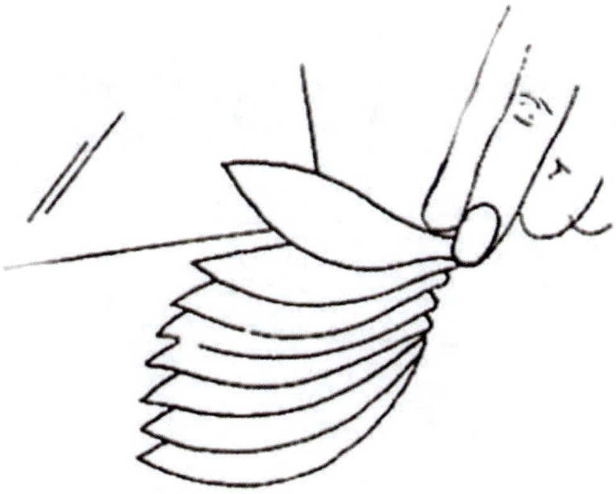

图 5-6　右旋弧形拼法

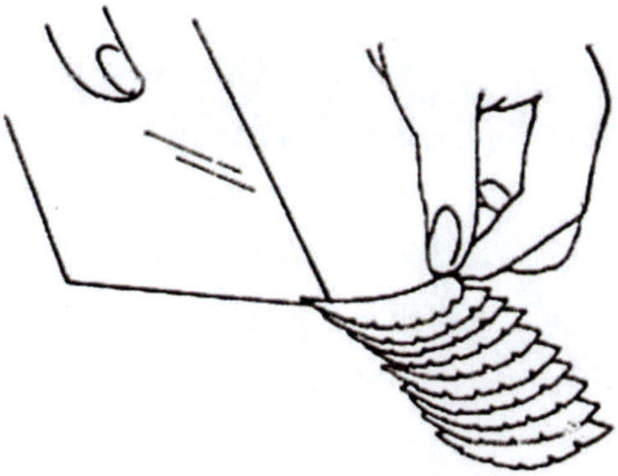

图 5-7　左旋弧形拼法

种拼摆方法。这种方法多用于一些几何造型（如单拼、双拼、什锦彩拼等），排拼中弧形面（扇形面）的拼摆，也经常用于景观造型中河堤（或湖堤、海岸）、山坡、山丘等的拼摆。

在冷盘的拼摆过程中，根据材料选择排叠的方向不同，弧形拼摆法又可分为右旋和左旋两种拼摆形式（图5–6、图5–7）。

2. 平行拼摆法

平行拼摆法是将切成的片形原料，等距离地往一个方向排叠的一种方法。平行拼摆法可分为直线平行拼摆、斜线平行拼摆和交叉平行拼摆三种拼摆形式。

（1）直线平行拼摆法　直线平行拼摆法就是将片形材料按直线方向平行排叠的一种形式。如“梅竹图”中的竹子、直线形花篮的篮口、直线形的路面等，都是采用这种形式拼摆而成（图5–8、图5–9）。

（2）斜线平行拼摆法　斜线平行拼摆法是将片形材料往左下或右下的方向等距离平行排叠的一种形式。景观造型中的“山”等多采用这种形式进行拼摆，用这种形式拼摆而成的山，更有立体感和层次感，也更加自然（图5–10）。

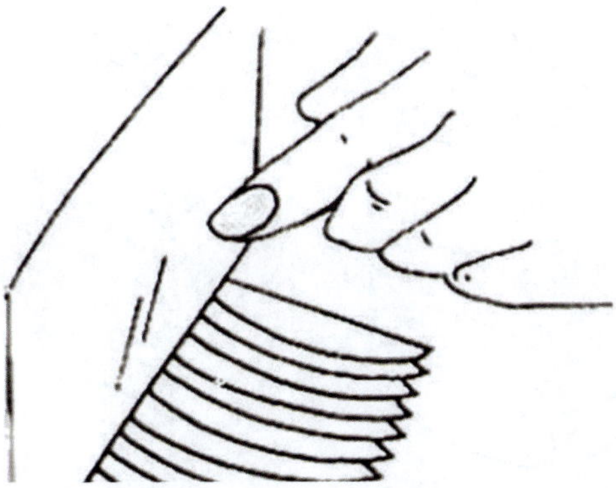

图 5-8　直线平行拼摆法 1

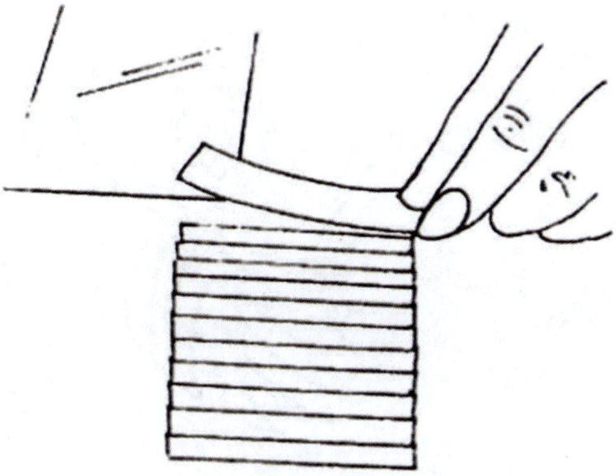

图 5-9　直线平行拼摆法 2

（3）交叉平行拼摆法　交叉平行拼摆法是将片形材料左右交叉平行（等距离）往后排叠的一种形式。这种方法多用于器物造型中编织品的拼摆，如鱼篓的篓体。采用这种形式进行拼摆时，冷盘材料多修整成柳叶形、半圆形、椭圆形或月牙形等，拼摆时交叉的层次视具体情况而定（图5-11、图5-12）。

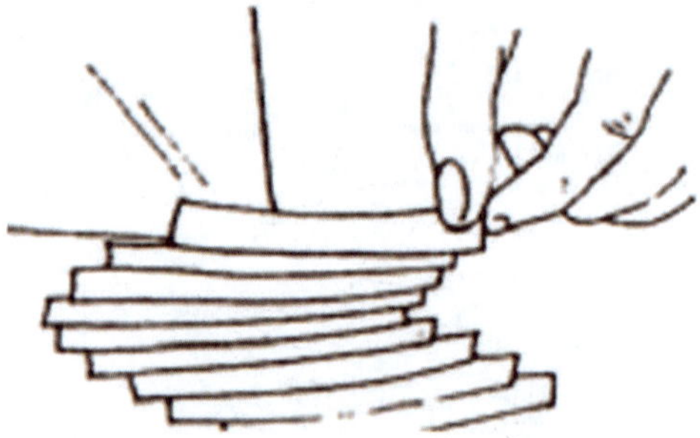

图 5-10　斜线平行拼摆法

3. 叶形拼摆法

叶形拼摆法是将切成柳叶片的冷盘材料拼摆成树叶形的一种拼摆方法。这种方法主要用于树叶的拼摆，有时以一叶或两叶的形式出现在冷盘造型中，这类形式往往与各类花卉相结合；有的冷盘造型中则以数瓣组成完整的一枚树叶形式出现，如“蝶恋花”中的多瓣树叶，“秋色”中的枫叶等（图5-13、图5-14、图5-15）。

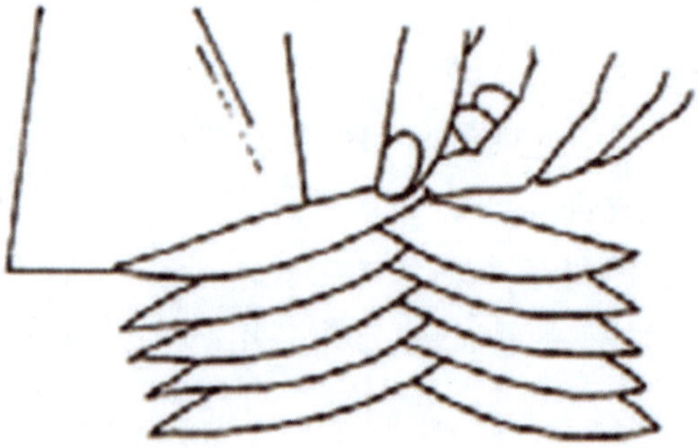

图 5-11　交叉平行拼摆法 1

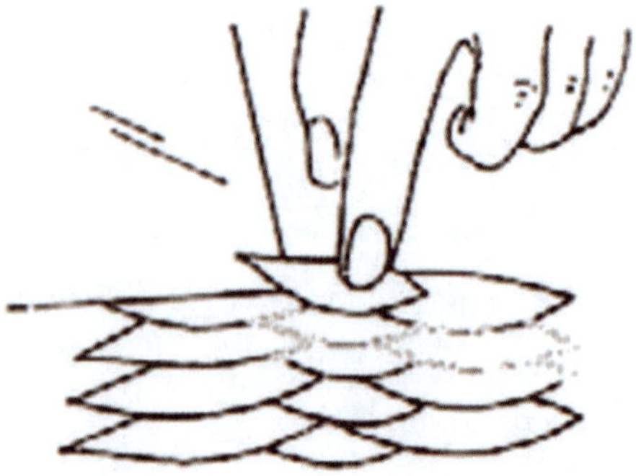

图 5-12　交叉平行拼摆法 2

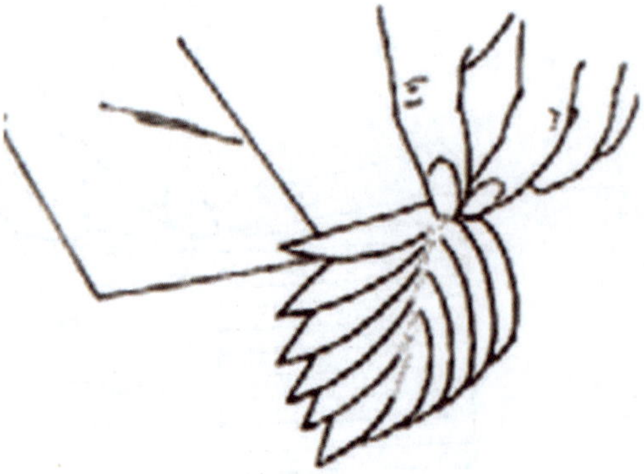

图 5-13　叶形拼摆法 1

图 5-14　叶形拼摆法 2

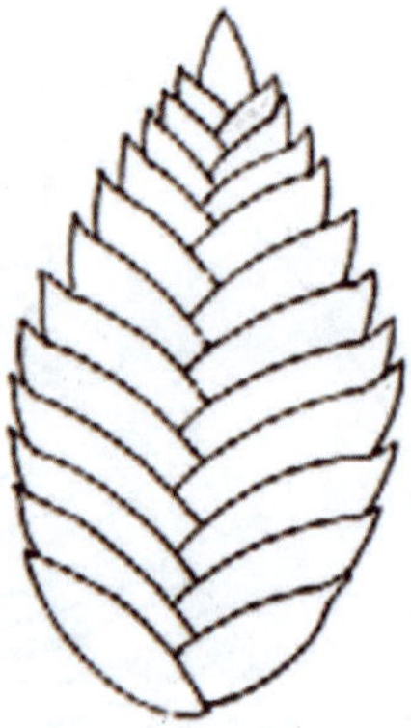

图 5-15　叶形拼摆法 3

五、花拼造型应用举例

（一）锦鸡迎春

1. 原料

酱牛肉、蛋黄糕、蛋白糕、火腿、鸡蛋卷、红辣椒、胡萝卜、黄瓜、西蓝花、青萝卜皮、熟鸡丝、盐水虾、紫菜。

2. 准备

将酱牛肉、蛋白糕分别修成羽毛形实体；将胡萝卜修成窄长形羽状实体，焯水入味备用。将火腿修成椭圆形实体；将青萝卜皮焯水入味备用。

3. 拼摆

（1）先将鸡丝在盘的适当位置码出两只锦鸡的初坯。整条青萝卜皮刻出锦鸡尾羽形状，摆至初坯的后端成锦鸡尾巴。

（2）将胡萝卜刻出细长形柳叶状羽毛，从尾羽中、下部开始斜着向尾根部码去。

（3）将蛋白糕切成小羽毛片，从尾部中间开始，交错码至鸡的颈部，成鸡身、背部羽毛。

（4）将酱牛肉、蛋白糕、萝卜皮切成大柳叶片，分别摆出两只锦鸡的翅膀。

（5）将胡萝卜、黄瓜顶刀切成小圆片，从翅膀根部上侧开始，码至鸡颈下端，交错码出三至四层，为颈部羽毛。将水发紫菜堆在头的部位，修整出鸡头。再将红辣椒刻出鸡冠放在头的上部。将胡萝卜刻出嘴形，放在头的前端。用海带刻成的鸡脚插入鸡身下部。

（6）将牛肉、火腿、蛋卷、蛋黄糕、蛋白糕、黄瓜切成片，连同盐水虾一起分三层码在鸡的下端，呈山包状。西蓝花适当点缀即成（图5-16）。

图5-16　锦鸡迎春

（二）晨曦

1. 原料

蛋白糕、盐水虾、酱牛肉、火腿、鸡脯肉、炝海带、蛋卷、油焖香菇、黄瓜、胡萝卜、西蓝花、红樱桃、青萝卜皮。

2. 准备

将白鸡脯片成片，切丝后剁成末备用。蛋白糕修成柳叶形实体，雕出鹤的颈和头。胡萝卜雕出鹤的嘴、腿、爪。

3. 拼摆

（1）将鸡肉末在盘的适当位置码出两只不同姿态的仙鹤初坯。将海带片薄，刻出鹤的尾羽，分别码在初坯的后端。

（2）将蛋白糕切成羽毛形小片，从尾根部开始，码至颈部，成鹤的身和翅。然后将刻成的鹤颈、鹤头、鹤嘴按上。将红樱桃切四瓣，两瓣分别放在鹤头顶为顶红。将香菇刻成的眼睛放在头侧。将刻好的腿、爪分别插入鹤的腹部。

（3）将酱牛肉、蛋卷、火腿、胡萝卜切成片和盐水虾、西蓝花一起码成山包状，香菇刻成小太阳点缀即成（图5-17）。

图 5-17　晨曦

第二节　热菜造型艺术

热菜与冷菜不同，其显著特点就是趁热食用。所以热菜造型要求以最简单的方法、最快的速度进行工艺处理，必须简洁大方、耐人寻味。热菜还是筵席的主体菜肴，是决定筵席档次高低、好坏的关键。成功的热菜以精湛的工艺、娴熟的刀工、优雅的造型、绚丽的色彩令人倾倒，促使筵席过程高潮迭起，气氛热烈。所以说热菜造型技术是饮食活动和审美情趣相结合的一种艺术形式，既有技术性，又有观赏性。

构成热菜造型的基本条件，一是切配技术；二是烹调技术。其中，切配技术是构成热菜造型的主要条件。一般菜肴的制作，都要经过原料整理、分档选料、切制成形、配料、熟处理、加热烹制、调味、盛装八个过程。切配技术使菜肴原料发生“形”的初步变化，烹调技术不仅使菜肴原料“形”的变化更完善，而且使菜肴色彩更加鲜艳悦目。因此，掌握好切配与烹调技术是热菜造型的基础。

一、热菜造型形式

热菜造型形式丰富多彩，其造型形式一般采用自然形式、图案形式、象形形式等。

（一）自然形式

自然形式的特点是形象完整、饱满大方。在烹调过程中，常采用清蒸、油炸等技法，基本保持了原料的自然形态。如“烤乳猪”“樟茶鸭子”“整鱼”“整鸡”“兰花甲鱼”“烤全羊”“炸虾”等。这些菜肴的形态要求生动自然，装盘时应着重突出形态特征最明显的、色泽最艳丽的部位。为了避免整体造型的单调、呆板，在菜肴的周围可以进行点缀、装饰，以丰富菜肴的艺术效果。如“富贵烧鸡”（图5-18）。

图5-18 富贵烧鸡

（二）图案形式

图案形式的特点是多样统一，对称均衡。要求充分利用形式美法则，通过丰富的几何变化、围边装饰、原料自我装饰等形式，使菜肴达到既实用又美观的效果。

1. 几何图案构成

几何图案构成是利用菜肴主、辅原料按一定顺序、方向有规律的排列、组合，形成排列、连续、间隔、对应等不同形式的连续性图案。其组织排列有散点式、斜线式、放射式、波纹式、组合式等。如“牡丹鲍鱼”（图5-19）。

2. 菜品自我装饰图案构成

菜品自我装饰图案构成也称菜肴自我装饰。它是利用菜肴主、辅原料，烹制成一定的形象再装饰的方法。如将原料制成金鱼形、琵琶形、花卉形、凤尾形、水果形、蝴蝶形等，再把成形的单个原料按形式美法则围拼于盘中，食用与审美融为一体。这类装饰形式在热菜造型中运用较为普遍，它可使菜肴形象更加鲜明、突出和生动，给人一种新颖别致的美感。如“葡萄鱼圆”（图5-20）。

图5-19 牡丹鲍鱼

图5-20 葡萄鱼圆

3. 盘饰构成

盘饰构成与几何图案构成在艺术效果上有许多共同之处，不同的是盘饰是在菜肴的周围或局部装饰点缀各式各样的图案。热菜盘饰应遵循以下四条原则：口味上要注意装饰原料与菜品基本一致；装饰原料必须安全卫生；制作时间不宜过长，以不影响菜品质量为前提；装饰原料色彩应靓丽、图案应清晰。盘饰构成又可分为围边装饰和点缀装饰。

（1）围边装饰　围边装饰是以常见的新鲜水果、蔬菜为原料，经加工处理后装饰在盘子的周边。围边装饰形式一般有以下几种。

① 几何形围边：沿盘子的周边全围或半围成装饰花边。这类装饰在热菜造型中最常用，它以圆形为主，也可根据盛器的外形围成椭圆形、四边形等（图5-21）。

② 象形围边：根据菜肴烹调方法和选用的盛器款式，把花边围成具体的图形，如扇面形、花卉形、叶片形、灯笼形、太极形、鱼形等（图5-22）。

（2）点缀装饰　点缀装饰就是用水果、蔬菜或食雕形式等，点缀在盘子某一部位，以美化菜肴。它的特点是简单、易操作，没有固定的格式。点缀装饰一般有以下几种形式。

① 局部点缀：将装饰物点缀于盘子的一边或一角，以渲染气氛、烘托菜肴，它的特点是简洁、明快。如“蹄筋烧海参”（图5-23）。

图5-21　橄榄鱼圆

图5-22　开屏鱼

图5-23　蹄筋烧海参

② 对称点缀：这种装饰多用于腰盘或四方盘，它的特点是对称和谐，丰富多彩。一般对称形式有上下对称、左右对称、多边对称等。如“如意海肠卷”（图5–24）。

③ 中心与外围结合点缀：常用于大型豪华宴会、筵席中。选用的盛器较大，装点时应注意菜肴与形式的统一。中心装饰力求精致、完整，并要掌握好层次与节奏的变化，使菜肴美观大方。如“雪梨燕菜”（图5–25）。

图 5–24 如意海肠卷

（三）象形形式

象形形式就是让菜肴的艺术形象与模拟对象之间形态虽不像，神态却十分动人。主张“神似”，但并非完全放弃“形似”，这“似与不似之间”的菜肴形象，让人有丰富联想的余地，并得到一种含蓄雅致的美感。热菜造型的象形形式一般有两种表现方法：写实法和写意法。

图 5–25 雪梨燕菜

1. 写实法

这种手法以物象为基础，加以适当的剪裁、取舍、修饰，对物象的特征和色彩着力塑造表现，力求简洁工整，生动逼真。如“丰收鱼米”中的“玉米”就非常形似。

2. 写意法

写意不像写实那样，而是必须把自然物象进行一番改造。它完全可以突破自然物象的束缚，充分发挥想象力，并给予大胆的加工和塑造，但又不失物象的固有特征，符合烹调工艺要求，将物象处理得更加精益求精。在色彩处理上也可以重新搭配，给人以新的感觉，使物象更加生动活泼。如“菊花鱼”中的“菊花”就非常神似。

二、热菜造型应用举例

（一）丰收鱼米

1. 原料

鲍鱼、紫菜、菜心、净鱼肉、南瓜、青豆、枸杞、湿淀粉、食用油、精盐、味精、料酒、高汤。

2. 制法

（1）将鲍鱼改成菊花花刀，将菜心修成玉米叶形，将鱼肉改刀成小丁，将紫菜泡好备用，将南瓜刻成盏状。

（2）将鲍鱼焯水，加高汤、南瓜汁、调料烧制入味，勾芡，装盘。

（3）将菜心焯水过凉后入味，和紫菜一起分别点缀在鲍鱼身上呈玉米形。

（4）将南瓜盏蒸熟备用。将鱼丁上浆滑油，爆炒成菜，盛入南瓜盏，点缀青豆和枸杞摆在盘的中央即成（图5-26）。

图 5-26　丰收鱼米

（二）菊花鱼

1. 原料

带皮草鱼肉、冬瓜皮、淀粉、番茄酱、精盐、味精、料酒、白醋、白糖、清汤。

2. 制法

（1）将草鱼肉逐块剞上菊花花刀，将冬瓜皮刻成菊花的叶子。

（2）将鱼肉用食盐、料酒略腌，逐块拍干淀粉，下入六七成热的油中炸成金黄色，将炸好的鱼肉在盘中拼摆成大小不同的两朵菊花。

（3）在锅内加底油烧热，将番茄酱炒出红油，烹白醋，加清汤、料酒、白糖，烧开用湿淀粉勾芡，均匀地浇在菊花鱼上。

（4）将冬瓜皮刻成的叶子焯水过凉，点缀在菊花鱼的下方即成（图5-27）。

图 5-27　菊花鱼

（三）干贝扣肉

1. 原料

带皮五花肉、干贝、菜心、精盐、味精、白糖、料酒、冰糖、老抽、清汤、湿淀粉、葱姜、花椒、大料。

2. 制法

（1）将五花肉改刀成薄片，用葱姜、花椒、大料、料酒、老抽腌渍入味，上色。

（2）将腌好的五花肉逐片卷上干贝，整齐地码入碗中，加入用清汤、料酒、精盐、味精、糖色兑成的汁，上锅蒸透。

（3）将碗内的汁倒入锅内，肉反扣于盘内，锅内的汁烧开勾芡，均匀地浇淋在肉的表面。

（4）将菜心焯水入味，整齐地围在扣肉周围即成（图5–28）。

图 5–28　干贝扣肉

第三节　面点造型艺术

面点造型是将调制好的面团或坯皮，按照成品要求包上馅心（或不包馅心），以天然美和艺术美的方式，塑造成各式各样的成品和半成品。好的面点造型可以给人以欢乐的情趣和艺术享受。

一、面点造型艺术的特点

面点是中国烹饪的重要组成部分，它和中国菜肴一起构成了完美的具有中国特色的烹饪艺术。

（一）雅俗共赏，品种丰富

面点品种大都具有雅俗共赏的特点，并各有其风味特色。即便是一块饼、一块糕也有独特的艺术效果和魅力，更不用说那些图案造型和立塑造型品种了。面点的种类非常多，分类方法也很多。按其造型的特征可分为圆形、方形、椭圆形、菱形、角形等，也有整形、散形、组合型之分。

（二）食用与审美紧密结合

面点造型有其独特的表现形式，它通过一定的艺术造型手法，使人们在食用时达到审美效果。食用与审美融于面点造型艺术的统一体之中，而食用则是它的主要方面。

1. 食为本，味为先

面点的造型，要求其具有一定的艺术性，但并不是要求它成为纯粹的艺术品。所以，在制作花色造型面点的时候，首先要强调以食用为本的原则。单纯地追求艺术造型，只能导致

“金玉其外，败絮其中”。

面点艺术首先是味觉艺术。中国面点讲究色、香、味、形、器的和谐，其品评标准应当是以“味”为先。也就是说，要求面点首先是好吃，其次是好看，只好看而不好吃的品种是人们所不喜欢的。

2. 重形态，求自然

面点造型是一门艺术，它的美观取决于面点的“色”和“形”。

面点的形，主要是在面团、面皮上加以表现的。通过一定的造型手法增加了面点的感染力和食用价值。面点的形还应与它的色很好地结合起来。制品应以自然色彩为主，体现食品的自然风格。当色彩不能满足制品要求时，可适当加以补充，但要以天然色素为主。自然、丰富的色彩不仅能影响人的心理，而且能增强人的食欲。色彩与造型结合得好，可使面点制品达到更高的艺术境界。

（三）立塑造型手法精湛

面点的立塑造型是内在美与外在美的统一，经过严格的艺术加工，制成的精致玲珑的艺术形象，能对食用者产生强烈的艺术感染力。面点造型与美术中的雕塑手法十分接近，其中搓、包、卷、捏等技法属于捏塑的范畴；切、削等手法又与雕刻技法相通；钳花、模具、滚、镶、沾、嵌，也近似于平雕、浮雕、圆雕的一些手法。可以说，面点造型工艺是一种独特的雕塑创作。

面点造型是通过一整套精湛的技艺而包捏成各种完整形象的。如通过折叠、推捏而制成的孔雀饺、冠顶饺、蝴蝶饺；通过包、捏而制成的秋叶包、桃包；通过包、切、剪而制成的佛手酥、刺猬酥；通过卷、翻、捏而制成的鸳鸯酥、海棠酥、兰花饺以及各种象形船点和拼制组合图案等。每种面点既有各自不同的形态、色彩和表现手法，又是各种整体造型的艺术缩影。

二、面点造型艺术的要求

1. 掌握皮料性能

面点造型具有较强的立体感，坯皮料必须有较强的可塑性，质地细腻柔软，是面点立塑的基本条件。米粉、面粉、薯类淀粉都具有这种特性。面粉中的特制粉由于面筋蛋白含量高，适宜制作饺子、面条等需要筋力的品种；标准粉面筋蛋白含量适中，适宜制作包子、馒头之类需要起松的品种；米粉面团面筋蛋白含量较少，延展性差且黏性较强，故不能像面粉面团那样有筋力，胀大膨松的能力也差。只有了解各种皮料的性能，才能造型自如、得心应手。

2. 配色技艺有方

配色技艺是面点造型艺术的重要组成部分，它和面点的形状紧密地联系在一起。面点的色彩讲究和谐统一，有的以馅心原料来配色，如以火腿的红、青菜的绿、熟蛋清的白、蟹黄的黄、香菇的黑配色，制成鸳鸯饺、一品饺、四喜饺、梅花饺等；有的利用天然色素来配色，例如红色的红曲粉、苋菜汁、番茄酱，黄色的鸡蛋黄、南瓜泥、姜黄素，绿色的菠菜、荠菜、丝瓜叶，棕色的可可粉、豆沙，等等。面点的色彩只能是简易的组合和配置，不能像画家那样调配各种新色。过多的用色和不讲卫生的重染，不仅起不到美化的作用，而且会适得其反。面点造型艺术是吃的艺术，其色彩的运用应始终坚持以食用为出发点。多用本色，少量缀色，是面点配色的基本方法。

3. 馅心选用适宜

饺子的馅心可软一些，而花色象形面点的馅心一般不宜稀软。不论选用甜馅或咸馅，味型要讲究，不能只重外形而忽视口味。若采用咸馅，汤汁宜少，尽量做到馅心与面点的造型相搭配。如做“金鱼饺”（图5-29），可选用鲜虾仁作馅心，即成“鲜虾金鱼饺”；做花色水果点心，如“玫瑰红柿”“枣泥苹果”等，则应采用果脯蜜饯、枣泥为馅心，务必使馅心与外形互相衬托，突出成品风味特色。

4. 造型简洁夸张

面点造型艺术对于题材的选用，要结合时间和环境因素，宜采用人们喜闻乐见、形象简洁的物象为佳。面点造型艺术的关键是要熟悉生活，熟知所要制作物象的主要特征，然后抓住特征，运用适当夸张的手法，才能使食品造型的效果更好。如制作“玉兔饺”（图5-30）只需掌握好兔耳、兔身、兔眼三个部位，夸大它的耳朵和身子，这样制作的小白兔才惹人喜爱；“天鹅”要突出的是颈和翅，要对这两个部位进行适当夸张变化。这种夸张的造型手法，就是要妙在“似与不似之间”。过分地讲究逼真，费工费时地精雕细琢，反而会弄巧成拙。

图5-29 金鱼饺

图5-30 玉兔饺

5. 盛装拼摆得体

盛装拼摆技艺也是面点造型的重要环节。总体要求是：对称、和谐、协调、匀称。如“仙山茶饼”，可摆成圆形、桥形，底部向上突出煎制后的金黄色泽，下部微露出捏制的细皱花纹；“杏仁豆腐”可摆成正方形、品字形，在操作时应将四种馅料按一定的顺序摆放，装盘排列时也应四色方向有序，给人以整齐、协调之美，而不是随便放置，给人以色、形零乱的感觉。即便是简单的菱形块糕品，也应给予一定的造型，如八角形、菱形、等边三角形等。总之，应拼摆得体，和谐统一，使人感到面点的整体是一幅和谐的画面，面点的个体是活灵活现的艺术精品（图5-31、图5-32）。

图5-31 杏仁豆腐

图5-32 仙山茶饼

三、面点造型应用举例

（一）荷花酥

1. 原料

面粉、猪油、豆沙馅、白糖、红曲米汁、红糖。

2. 制法

（1）将面粉、猪油、水拌和揉搓成水油面团；在面粉中加猪油，搓搓成干油酥面团；将豆沙馅分成30等份，用适量的白糖加红曲米汁少许搓匀备用。

（2）将水油面团和干油面团均掐成30个面坯，逐个把干油面包入水油面中，擀成长饼，对折成三层，再擀长对折成三层，按成中间略厚四周稍薄的圆形暗酥坯皮，包上一份豆沙馅，捏紧收口搓成鸡蛋形，包口在细头一端，然后用小刀在生坯粗头一端割上五个花瓣（刀口长度为生坯长度的三分之二，深度不可过深），放入四成热的油中炸熟呈淡黄色，捞出控净油，在花瓣中间撒上少许红糖即可（图5-33）。

图 5-33　荷花酥

图 5-34　枣泥玫瑰饺

（二）枣泥玫瑰饺

1. 原料

澄粉、生粉、南瓜、枣泥馅、精盐。

2. 制法

南瓜蒸熟，趁热揉入澄粉、生粉，调成团，醒一会儿。再搓成细条，用刀切成剂子，然后刀面沾上油，把剂子压成薄片。薄片中包入馅心，捏成玫瑰花形，入蒸锅旺火蒸5分钟至熟即可（图5-34）。

第四节　食品雕刻艺术

食品雕刻属于刀工技术的一部分，也是拼摆造型必须具备的一项专门技艺。食品雕刻一般多用于筵席的高级拼盘，是为点缀菜肴、美化环境、活跃宴会气氛服务的。食品雕刻的运用，必须选好题、择好景，服从宴会的需要，适合筵席的组织形式。但不宜喧宾夺主，肆意渲染。若能从客观实际出发，合理安排，巧妙点缀，必然会收到妙不可言的效果。

食品雕刻通过特种刀具和娴熟的技巧，把原料雕刻成平面的或立体的人物、花草、鸟兽、山水等各种生动的物体形象，具有较高的技术性和艺术性。雕刻形象要力求高雅、健康，并富有特色，切忌粗制滥造或庸俗不堪。

一、雕刻原料

雕刻原料一般选用具有脆性的瓜、果及根茎类的蔬菜。选用时，应根据雕刻的具体需要，选择脆嫩不软、皮中无筋、肉实不空、色泽光亮、形态美观的原料。常用的有以下几种。

（一）果蔬类原料

1. 萝卜

萝卜品种很多，形态各异。如皮白肉白的白萝卜，皮青肉青的青萝卜，皮青肉紫红的心里美萝卜，皮肉橘红的胡萝卜，皮红肉白的水萝卜等。萝卜可雕刻成各种菊花、牡丹花、牵牛花、蝴蝶、鸟、兽、鱼、虫及建筑物等。

2. 薯类

薯类中用作雕刻原料的主要有马铃薯、番薯、山药等。其中，以肉质洁白的用途最为广泛。色白带黄的可雕刻成各种花朵；红心的番薯可雕刻成人物。

3. 瓜类

瓜类中可做雕刻原料的主要有冬瓜、西瓜、南瓜、黄瓜等。可在冬瓜、西瓜、南瓜的表面雕刻各种花纹、画面，再挖去瓜瓤，加入其他原料，如什锦瓜盅等。黄瓜可以用来刻制蝈蝈、螳螂等昆虫。

4. 水果

供雕刻用的水果有生梨、荸荠等。水果用作雕刻原料，其食用价值比萝卜和部分瓜类原料要高些。

5. 其他类

在雕刻原料中，还经常用一些蔬菜作为配料，如香菜、芹菜、洋葱、海带、红椒、黄瓜皮、黑木耳、银耳等。这些配料，经过加工用以点缀和装饰。

（二）熟制原料

1. 糕类

供雕刻用的糕类原料，有蛋白糕、蛋黄糕，可雕刻成茶花、菊花等各种花卉以及鸟类的头、爪等。

2. 蛋类

蛋类原料有鸡蛋、鹅蛋、鸽蛋、鹌鹑蛋等，可雕成菊花、小动物等。

二、雕刻的步骤

雕刻是一项较为复杂的工作，必须按照一定的步骤，有条不紊地进行，才能使雕刻的形象符合预定的要求，做到主题鲜明、突出，形象优美、逼真。一般有以下几个步骤。

1. 选题

选题就是确定作品的题目。选题要考虑宴会场合、宾客身份、时令季节、民族习俗等诸因素。总的要求是题材新颖，恰到好处。

2. 定型

定型是根据主题思想确定雕刻的形象，确定是采用整雕形式还是组合雕形式，总体要求是通过合适的形态来反映主题思想。

3. 选料

选料是根据已经确定的形态，来选择适当的原料，如质地、色彩、性状等都要符合造型要求。

4. 布局

布局就是根据主题思想、形象、原料大小来安排雕刻的内容。布局时首先安排好主体部分，再安排配衬部分，做到有主有次，主题突出。

5. 落刀

选题、定型、选料、布局都确定下来以后，才可以开始雕刻，即落刀。落刀时要先刻轮廓再刻具体内容；先刻粗线条，再精细加工。

三、食品雕刻的基本技法

1. 整雕

整雕是用一块原料雕刻成一件食雕作品，不再需要其他物料的配衬与支持就自成一体。无论从哪个角度欣赏，都具有独立性，且立体感极强，这种雕刻就叫整雕，也就是指用一块原料雕刻成一个具有完整形体的艺术作品。

2. 组雕

组雕也叫零雕整装，就是用几种不同的原料，分别雕刻出某个组合形体的各个部位，然后再集中组装成一个完整的物体形象。

3. 浮雕

在某些原料（如西瓜、冬瓜、南瓜）的表面向外凸出或向里凹进刻出各种花纹图案，这种雕刻就是浮雕。常有两种形式：将花纹图案向外凸出地刻在原料的表面上为凸雕（也称阳纹雕），将花纹图案向里凹陷地刻在原料的表面上为凹雕（也称阴纹雕）。

4. 镂空雕

镂空雕是在浮雕的基础上，运用镂空透刻的方法，将设计好的图案刻留在原料上，刻好后在其内部放一只点燃的蜡烛或小灯泡，灯光便从图案的纹路中透出，独具意境，应用时多表现为西瓜灯。

四、食品雕刻应用举例

（一）孔雀献寿

1. 原料

白萝卜、心里美萝卜。

2. 刀具

主刀、圆口刀、三角戳刀。

图 5-35　孔雀献寿

3. 制法

将原料刻出回头的孔雀和寿桃，点缀并装饰即可（图5-35）。

（二）百花争艳

1. 原料

心里美萝卜、白萝卜。

2. 刀具

主刀、圆口刀。

图 5-36　百花争艳

3. 制法

将原料刻出各样的鲜花，用冬青装饰即可（图5-36）。

（三）鸟语花香

图 5-37 鸟语花香

1. 原料

南瓜、胡萝卜、心里美萝卜。

2. 刀具

主刀、圆口刀、戳刀。

3. 制作

用胡萝卜刻出两只形态不同的鸟，南瓜刻成假山，心里美萝卜刻成花朵，然后装饰点缀即成（图5-37）。

（四）招财进宝

图 5-38 招财进宝

1. 原料

西瓜。

2. 刀具

平口刀、勾线刀、圆规、勺子。

3. 制法

事先设计好主题，用圆规在西瓜上把框架画好，再用勾线刀刻出图形，从顶部开口用勺子把瓜肉取出，周围留约0.5厘米的红肉，用平口刀按照先后顺序依次镂空并拉出，组装成形即可（图5-38）。

第五节 糖塑造型艺术

糖塑，又称“糖雕”，采用糖粉和脆糖工艺制作，造型优美，色彩浮翠流丹，常常令人耳目一新。其中，由糖粉与蛋清、柠檬汁制成的糖粉膏，通过使用不同的裱花嘴，不仅可以挤出不同的花朵、叶子、人物及动物造型等，而且还能用于大型蛋糕的挂边、挤面、拉线装饰；由糖粉与蛋清、鱼胶、葡萄糖、色素、柠檬汁制成的糖粉面坯制品，是各种高级宴会甜点装饰、各种大型结婚蛋糕、立体装饰物常用的装饰品；由白砂糖、葡萄糖和柠檬酸上火熬至特定的温度，加入各种颜色的色素，又成为一种独特的装饰原料——脆糖。用脆糖可制成花朵、树木、叶子等，制品形象逼真、晶莹剔透、色彩斑斓、立体感强，在室温下可保持较长时间，制品不易因受潮、受热而变质。因此，脆糖是制作大型装饰品的首选品种。

一、糖塑工艺的特点

（1）成品具有独特的金属光泽，晶莹剔透，高贵华美。

（2）色泽鲜艳，表现力强。

（3）保存和展示时间长。

（4）既能欣赏，又能食用。

（5）粘接组合方便。

（6）原料可重复使用，避免浪费。

二、糖塑原料

1. 蔗糖

蔗糖俗称食糖，是由一分子葡萄糖和一分子果糖以α键连接而成的一种双糖 。主要来源是甘蔗加工而成的白砂糖和甜菜加工而成的绵白糖，其中以白砂糖应用最为广泛。

2. 冰糖

冰糖是蔗糖的结晶再制品，按加工方式的不同，可以分为单晶冰糖和多晶冰糖，常作为糖塑的原料。

3. 糖醇

单糖的羰基被还原生成糖醇，糖醇主要有山梨糖醇（山梨醇）、木糖醇、异麦芽酮糖醇（Isomalt，又称艾素糖醇、益寿糖、帕拉金糖醇）等，是食品工业中常用的甜味剂，具有吸湿性弱、抗还原能力强等特点，在较高的温度和较大的湿度下也不会发生发烊、返砂等现象，作品光泽度好，是制作糖塑的最佳原料之一。

4. 葡萄糖浆

在熬糖过程中加入适量葡萄糖浆，作用是使作品鲜艳明亮，有效地抑制返砂，延缓糖体的凝固速度，便于拉糖。

5. 色素

用于调色，最好是选用油溶性色素，其色彩鲜艳，浓度高，不易返砂。如果是选用水油兼溶的色素，因色素中含有一定的水分，会影响糖塑效果。

6. 酒精

主要作为酒精灯燃料使用，有时也可用于制作气泡糖。

三、糖塑工具

1. 熬糖锅

以选用较厚的复合底不锈钢锅为宜，因锅壁较厚，升温和散热较慢，所以适合制作糖塑。也可用普通不锈钢锅代替。

2. 恒温糖灯

白钢制造，有加热器、温控器、漏电保护器、工作指示灯、电源指示灯等。用途是加热糖体，使糖体保持恒定的温度，便于拉糖、吹糖。

3. 酒精灯

主要用于糖塑制品零件的粘接组装，用酒精灯烤糖体，不易烤煳，糖体粘接较为牢固。

4. 不粘布

拉糖作业时必备，也可用于烘烤，当糖体完全熔化时，倒在不粘布上，待糖体冷却后，很容易将糖体取下。

5. 乳胶手套

作用有两个，一是防止手部皮肤与糖体相粘，以免烫手；二是干净、卫生。

6. 剪刀

切割糖体、剪花瓣、压痕时使用。操作时剪刀不可粘贴杂物。

7. 花卉 / 叶模

用于仿真叶子及花瓣的制作。糖体软化后剪出所需的形状，放置模具中间，用另一半模具压出纹络。

8. 温度计

熬糖浆时测量温度使用，选用的温度计以最大刻度200℃红色指数为宜。

四、糖塑基本手法

1. 拉糖

初始拉糖的目的一是将糖体降温，二是在糖体中充入少量气体，使糖体增加光泽。当糖体的温度在70～80℃时，就可以开始操作。完成拉糖之后正好是60℃左右的操作温度。

在使用任何糖体前，应先在常温下放置半天，目的是使糖体的温度与环境温度保持一致，在专用加热器上逐渐加热，并且要多次翻动，使糖体再次变软。操作环境的温度在22～26℃，相对湿度应低于50%。

2. 吹糖

吹糖是挤压气囊将气体鼓入柔软的糖体中，使糖体在气流压强下产生膨胀，然后进行艺术造型的方法。吹制糖品时必须掌握糖的特性，因为吹糖时糖体具有相对的湿度，必须一边鼓气、一边造型，技巧性的手法较多。

3. 淋糖

将糖浆趁热淋在不粘垫上呈现出各种图案或文字。待糖浆冷却定型后取下即可使用，一般作为背景、装饰、支架、底座等使用。

4. 翻模

翻模就是将熬好的糖浆趁热倒入各种各样的硅胶模具中，等糖浆冷却定型后取出即可，这样做出来的糖塑作品晶莹剔透。这种方法比较简单，不会糖塑的人，只要有温度计和几只糖塑模具，也能很容易地做出糖塑作品来。

五、糖塑应用举例

（一）小白兔

1. 原料：砂糖、葡萄糖浆。

2. 制法：

（1）吹出小白兔。

（2）拉出绿叶、藤蔓等装饰物。

（3）淋出假山。

（4）组合在一起（图5-39）。

图5-39 小白兔

图5-40 喜上眉梢

图5-41 龙腾

（二）喜上眉梢

1. 原料：冰糖、葡萄糖浆。
2. 制法：

（1）做出喜鹊。

（2）拉出梅花、花茎及绿叶。

（3）淋出团扇形背景糖。

（4）组合在一起（图5-40）。

（三）龙腾

1. 原料：冰糖、葡萄糖浆。
2. 制法：

（1）做出龙。

（2）做出浪花、球等。

（3）做出底色。

（4）组合在一起（图5-41）。

（四）荷塘夜色

1. 原料：砂糖、葡萄糖浆。
2. 制法：

（1）拉出荷花。

（2）拉出花蕾、花茎、荷叶。

（3）组合在一起。

（4）淋几滴酱汁（图5-42）。

（五）国色天香

1. 原料：冰糖、葡萄糖浆。
2. 制法：

（1）拉出牡丹花。

（2）拉出花茎、绿叶。

（3）淋出背景糖。

（4）组合在一起（图5-43）。

图 5-42　荷塘夜色

图 5-43　国色天香

第六节　烹饪装饰艺术

许多烹饪作品的色泽、造型等由于受原料、烹制方法或盛器等因素的限制，装盘后并不能达到色、香、味、形的和谐统一，因而需要对其进行装饰美化。所谓装饰美化就是利用作品以外的原料，装饰于作品四周、中间或其表面上，以提升烹饪作品的审美价值，同时可使成品更加突出、充实、丰富、和谐，弥补了成品因数量不足或造型需要而导致的不协调、不丰满等情况。

一、烹饪装饰的发展历程

（1）1990年前后，烹饪作品只是简单地用削或折成的萝卜花以及用模具扣压出的花朵、小动物等来装饰。这是最简便、最节省原料的一种装饰。

（2）1992年以后，比较流行用雕刻的月季花、牡丹花等来装饰。

（3）1996年前后，流行用加工后的水果、黄瓜、菜心等沿盛器周围进行装饰。

（4）2000年前后，流行用组雕成的花鸟、鱼虫、龙凤等进行装饰。

（5）2006年前后，小型鲜花装饰流行了一段时间。

（6）最近几年，糖艺、果酱、奶油、巧克力等开始运用到盘饰中，使烹饪装饰更加多元化、更加丰富多彩。

二、烹饪装饰方法

常见的烹饪装饰方法有围边和点缀。

1. 围边

围边是指用各种可食用的原料在盘子边缘进行的一种简易装饰。围边常见的方式有几何形围边和象形围边。

（1）几何形围边　利用某些固有形态或经加工成为特定几何形状的物料，按一定顺序和方向，有规律地排列、组合在一起（图5-44）。其形状一般是多次重复，或连续，或间隔，排列整齐，环形摆布，有一种曲线美和节奏美。如“乌龙戏珠”用鹌鹑蛋围在扒海参周围。还有一种半围花边也属于此类方法，半围法围边时，关键是掌握好被装饰的菜肴与装饰物之间的分量比例、形态比例、色彩比例等，其制作没有固定的模式，可根据需要进行组配。

（2）象形围边　以大自然物象为刻画对象，用简洁的艺术方法提炼出活泼的艺术形象，这种方式能把零碎散乱而没有秩序的菜肴统一起来，使其整体变得统一美观（图5-45）。常用于丁、丝、末等小型原料制作的菜肴。如“宫灯鱼米”用蛋皮丝、胡萝卜、黄瓜等几种原料制成宫灯外形，炒熟的鱼米盛放在其中。象形围边通常所用的物象有三类：

第一，动物类，如孔雀、蝴蝶等。

第二，植物类，如树叶、寿桃等。

第三，器物类，如花篮、宫灯、扇子等。

2. 点缀

点缀是用少量的物料通过一定的加工，点缀在盛器的某个位置，形成对比与呼应，使烹

图 5-44　几何围边

图 5-45　象形围边

图5-46　局部点缀

图5-47　对称点缀

图5-48　中心点缀

饪作品重心突出。

（1）局部点缀　局部点缀是指用各种蔬菜、水果加工成一定形状后，点缀在盘子一边或一角，以渲染气氛、烘托菜肴（图5-46）。这种点缀方法的特点是简洁、明快、易做。

（2）对称点缀　对称点缀是指在盘中做出相对称的点缀物。对称点缀适用于椭圆腰盘盛装菜肴时的装饰，其特点是对称、协调，简单易掌握，一般在盘子两端做出同样大小、同样色泽的花形即可（图5-47）。

（3）中心点缀　中心点缀是在盘子中心用装饰料对菜肴进行装饰，它能把散乱的菜肴通过盘中有计划地堆放和盘中的装饰物统一起来，使其变得美观（图5-48）。

三、烹饪装饰的原则

1. 安全卫生

装饰物一定要进行洗涤消毒处理，尽量不用或少用食用色素，确保装饰安全卫生。

2. 实用为主

尽管烹饪装饰非常重要，但它毕竟是一种外在的美化手段，决定其艺术感染力的还是烹饪作品本身。所以烹饪装饰要遵循食用为主、美化为辅的原则。那些既好看又好吃的烹饪装饰是我们大力提倡的。

3. 方便快捷

菜点进入筵席后往往被一扫而光，其装饰物没有长期保存的必要，加之价格、卫生等因素以及工具的限制，不可能搞很复杂的构图，也不能过分地雕饰和投入太多的人力、财力。装饰物的成本不能大于菜肴主料的成本。装饰要方便快捷，不能耽搁筵席的进程。

4. 协调一致

装饰物与菜肴的色泽、内容、盛器必须协调一致。从而使整个菜肴在色、香、味、形诸方面趋于完美而形成统一的艺术体。宴席菜肴的美化还要结合筵席的主题、规格、入宴者的喜好与忌讳等。

◎ 关键词

垫底　盖边　装面　几何形围边　象形围边　局部点缀　对称点缀

拉糖　吹糖　淋糖

◎ 本章小结

1. 中国烹饪的造型丰富多彩、千姿百态，通过优美的造型，可以表现出菜肴的原料美、技术美、形态美和意趣美。因此，烹饪造型是刀工、火候和风味调配的综合体现，是评判菜肴质量的一项标准，也是体现厨师精湛厨艺的一个重要方面。
2. 冷菜造型是指菜肴原料经过加工后，通过拼摆的方式及雕刻技艺，对菜肴装盘在形态上进行美化的工艺过程。
3. 热菜造型工艺是饮食活动和审美意趣相结合的一种艺术形式，既有技术性，又有观赏性。
4. 面点造型是将调好的面团或坯皮，以自然美和艺术美的方式塑造成各式各样的成品和半成品。
5. 食品雕刻是把原料雕刻成各种艺术形象。目的是为了美化、装饰菜肴，用以烘托宴席的气氛，给人一种愉快的感觉。
6. 糖塑是以砂糖为原料，经配比、熬煮、拉抻、塑形和粘结等工艺制成花、鸟、鱼、虫等既可食用又可欣赏的糖制品的过程。
7. 烹饪装饰就是利用作品以外的原料对作品进行装饰美化，以提升烹饪作品的审美价值。

■ 思考与练习

1. 冷菜造型的要求是什么？
2. “锦鸡迎春”如何拼摆造型？
3. 热菜的造型形式有哪些？
4. 面点造型的要求有哪些？
5. 食品雕刻的步骤是什么？
6. 糖塑的特点是什么？
7. 烹饪装饰的方法有哪些？

第6章

饮食环境美化艺术

◎ 知识目标

1. 了解餐饮环境的选择和利用的重要性。
2. 了解餐饮的各种风格，掌握餐饮美食、宴席展台的设计原则与环境之间的相互关系。

◎ 能力目标

1. 熟悉对饮食环境的选择和利用，掌握筵席设计的基本知识和基本技能。
2. 培养学生欣赏艺术作品的审美能力和创作运用能力。

◎ 知识导读

改革开放以来，人们的生产方式和生活发生了根本性的变化，对饮食环境也产生了深远的影响。现代城市钢筋混凝土建筑比比皆是，表面奢华的星级酒店、娱乐场所及与之对应的千篇一律的餐厅环境，再加上“堆金砌银”的室内装潢，确实能给人一种豪华的感受，但绝非是豪华的享受。导致这种现象的原因主要是以往的餐厅环境设计只注重空间的硬装饰部分，而忽视了文化主题的重要性。

随着社会的发展，人们的生活水平和文化素质发生了质的变化。人们对饮食环境的需求，表现出回归自然、重文化、高享受和重情感、多元性、自娱性与个性化的倾向，十分注重从餐饮中获得精神享受，而这方面对客人的感观情绪最有决定性影响的是餐饮的环境与气氛，尤其是餐厅的空间设计，它应该具有文化与文明的内涵。幽雅、舒适、温馨，给人以某种情调的感染，使人心情放松，得以享受美好的生活和人生。因此协调“人—空间—环境”的相互关系，使其和谐统一，形成完美、舒适、宜人的饮食文化空间，成为餐厅环境设计的最终目的。

第一节　饮食环境的选择和利用

餐饮环境不仅是一个就餐和营业的场所，还是一个特设的使人愉悦的文化场所。餐厅的环境布置和装饰，以及有形气氛的设计，所体现出的意境，可以对顾客就餐产生吸引力，使客人享有愉悦的进食心境。目前，餐饮业竞争十分激烈，人们进餐时不再满足于华馔美肴，往往更关注进食时的环境与氛围，包括饭店、餐厅的地理位置选择，餐厅内部的装潢、摆设及声、光、色的和谐，餐饮工作人员优质的服务以及宴席的精心设计等。可以说在餐饮经营过程中营造环境气氛和餐饮产品质量是同等重要。而且，餐饮服务现场的环境也体现着餐饮企业的经营特色，是餐饮业外部形象的重要组成部分（图6-1）。

图 6-1

一、环境对人们的心理影响

人们的饮食审美效果能否良好，与环境密切相关。如果吃饭场所的环境卫生不好，或有很强的噪声等，这些不良的刺激都有碍饮食的心理卫生，不仅影响食欲，还能影响食物的消化、吸收和利用。而优美的环境能给人带来愉快的情绪，能调节人体的神经系统，促进人体一系列有益于健康的生理活动，如促进唾液、胃液、胰液的分泌，提高食欲；促进胃肠有规律的蠕动，有助于食物的消化、吸收等。例如，一个人进餐时，往往显得单调乏味，可使用红色桌布以消除孤独感。灯具可选用白炽灯，经反光罩以柔和的橙黄光映照室内，形成橙黄色环境，消除死气沉沉的低落感。冬夜，可选用烛光色彩的光源照明，或选用橙色射灯，使光线集中在餐桌上，也会产生温暖的感觉。

二、创造优美和谐的环境

人在实现果腹型消费以后，对饮食的要求呈现出很大的选择性，餐饮动机的不同就要求为其服务的餐饮环境有所不同。讲究优雅和谐、陶情怡性的宴饮环境，是中国人饮食审美的重要指标。饮食环境包括三种：一是自然环境；二是人造环境；三是两者的结合。这就需要把饭店、餐馆与周围环境结合起来，取得整体和谐统一的视觉效果。

人造的饮食环境主要指餐厅饭店的环境布置。饭店、餐馆的地理位置的选择，除了反映自然景观的特征，还应注意地方特色、乡土风味和餐厅装修风格的表现。“民族的就是世界的”，酒店餐饮的装修一定要立足于地域特色，无论是菜肴品式还是装修风格，包括工作人员的选择都应该满足地域文化的特色。比如北京展览馆的莫斯科餐厅，它的建筑和布置就是俄罗斯风格；颐和园万寿山山腰面向昆明湖的“听鹂馆”，使许多外宾陶醉于中国美食与皇家园林之中；一些傣味餐馆挂的照片是曼飞龙笋塔、泼水节场面、竹楼及井塔；新疆风味餐馆放的是维吾尔族乐曲；苗族餐馆的墙上挂有芦笙，屏风是用苗族刺绣和蜡染绷的屏布等。这都是为了营造一个与饮食和谐一致的轻松、快乐、富有情趣的氛围，增加特定的情感，力求使客户就餐时有一种归属感，让顾客在享受美食的同时，更获得一种情感的依赖——让那些远离家乡的游子有种宾至如归的感觉；让那些没到过某地的人有种真实的身临其境的体会；让那些曾经到过某地的人，在异地进了他们的风味餐馆有旧地重游的美好回忆。如北京西藏大厦藏餐席间的民歌演唱，阿凡提餐厅的新疆歌舞，蒙古族餐厅里的敬酒歌，苗族餐厅中的芦笙舞，都给人一种永生难忘的美好享受。

如果能充分利用自然美，选择在优美的自然环境中建造饭店、餐馆，能使人们身临其境，或是领略湖光山色的妩媚，或是沐浴树林草地的清新，或是欣赏秀山云海的变幻，能够从观、听、嗅、尝等多方面进行全方面感受，从自然中获得美的享受。如杭州的楼外楼酒家，建于西湖之滨，登此楼可以把酒临风，凭栏赏月，令人胸襟开阔，精神舒畅。广州白天鹅宾馆，它的成功选址，使饭店形象独具风姿，令人迷恋，它背靠沙面岛，面向白鹅潭，环境清新开阔，食客们可以临流览胜，尽情地享受珠江两岸南国风光。

其实坐在农村的敞廊屋檐下，或坐在庭院的葡萄架下，或坐在竹制和木制的楼上，满目青山，把酒临风，其餐饮环境更是人工与自然的巧妙结合。如今兴起的“农家乐”旅游项目，究其根源，是对先人们小农生活的依恋和欣赏，是追求“宁静致远”“安享太平”的心理反映。久处闹市之忙碌，偶得农舍之闲适，当然是一种调节和享受。

第二节　餐饮环境风格和主题餐厅

现代社会的饮食消费者往往不单纯注重食物的味道，而是非常注重进食时的环境与氛围。要求进食的环境“场景化”“情绪化”，从而能更好地满足他们的感性需求。因此，相当多的餐馆，在布置环境、营造氛围上下了很大的功夫，力图营造出各具特色的，吸引人的种种情调。或新奇别致，或温馨浪漫，或清静高雅，或热闹刺激，或富丽堂皇，或小巧玲珑。有的展现都市风物，有的炫示乡村风情。有中式风格的，也有西式风情的，更有中西合璧的。

一、常见风格

根据不同顾客群的消费心理在空间组合方面的特点，主要有以下几种常见的风格。

1. 现代式

这是新时代的白领们追求的风格，这种餐厅环境是多样的，风格也是独特的，以几何形体和直线条为倾向性特征，多高楼大厦，给人以干净、利落、挺拔之感，如北京饭店、金陵饭店、上海国际饭店等，这类餐厅比较符合现代人的审美心理。

2. 园林式

中国古代园林共有三派，皇家园林以富丽堂皇见长；江南私家园林以小桥流水、曲径通幽、清淡幽雅见长；广东商业阶层园林是近代才发展起来的，以琳琅满目、五颜六色为其特点。其中，成就最高者为江南园林。园林式的餐厅又可分为三种。园林中的餐厅：如颐和园“听鹂馆”，是园林的有机组成部分，常住客和游客在此聚餐，均为上乘。又如扬州个园“宜雨轩”，四面都是玻璃窗，可以一边进餐，一边观景。餐厅中的园林：如杭州“天香楼”，餐厅中有假石山、亭台楼阁、悬泉飞瀑，使进餐者宛如置身于园林之中。园林式的餐厅：如扬州富春花园茶社之“园中园”，园林即餐厅，餐厅即园林。园门飞檐，修竹漏窗假山迴廊。如扬州“冶春园”，长廊临水，花影缤纷。园林与餐厅浑然一体，尤为别致幽雅。

3. 宫殿仿古式

怀旧情绪，古色古香，豪华气派，充分发掘纵深的历史感。以中国封建时代皇家美学风格为模式，餐厅庄严雄伟，金碧辉煌，中国餐厅常采用这一形式。餐厅正面是由对称的数根朱红方柱、彩绘梁方、万字彩顶和六角宫灯组成的长廊。梁方上面横卧红底描金的大幅横额，最高处覆盖绿色琉璃瓦。餐厅入口处，在点金的墙面上刻绘着“丹凤朝阳”图案中间是月亮门，背面装饰着一排彩绘柱头和朱红方柱，柱间是绿色的镂空花格。西面有两扇对开的朱红大门，大门上钉着两个“黄铜”大扣环。雕梁画栋，彩绘宫灯，富丽堂皇。当然，宫殿式风格也常用于餐厅内部装修。如饭店在外型上并非宫殿式，但其中餐厅名之曰“龙宫”“皇宫”，其间张灯结彩，龙飞凤舞，红色立体花纹地毯，仿宋家具相组合，一副皇家气派，同样使人犹如置身于宫廷之中。

4. 西方酒吧式

幽静雅致，干净利落，豪华舒适。酒吧环境宜娱乐和休息，应幽静雅致，有音乐设备，灯光暗柔，座位利于客人互相交谈。根据欧美人进餐心理，一要考虑气氛与情调；二要使客人用餐时有安逸感；三要使餐厅空间尺度在视觉上感觉小而亲切；四要使餐桌照明高于餐厅本身，照明光色温暖，光线偏暗。通过对餐厅和咖啡馆中的座位选择进行研究后发现，有靠背和靠墙的餐椅以及能纵观全局的座位比别的座位受欢迎，其中靠窗的座位尤其受欢迎。因为在那里室内外空间可尽收眼底。但无论是散客还是团体客人都不太喜欢餐厅中间的桌子，希望尽可能得到靠墙的座位。这是因为靠窗、靠墙的座位，或有靠背的座位（如火车座式餐桌）是有边界的区域。在那里，边界实体明确围合出属于本桌人的空间领域，不被他人穿越、干扰和侵犯，个人空间受到庇护，有安定感，避免了坐在中间（四面临空）的座位受众目睽睽和背侧被人穿越的不适，却又有纵观室内场景的良好视野，同时还能与他人保持适当的距离，因此这些座位备受欢迎。比如著名作家海明威就很喜欢在酒吧的墙角选一个好座位，花费几个小时，一边观看发生在酒吧的故事，一面慢慢地小口喝着饮料，消磨时光。选择的餐桌即使能守住一根柱子，也使该餐桌的空间范围有了些围合和界定，从心理上给人以安定感。

5. 乡土和自然风格

也许为了寻找故乡的情怀，为了改变生活环境，或者说是为了观赏自然美和好奇，乡土风味就是以迷人的风韵，富有生活气息的人情味来吸引顾客。它的美学价值在于自然质朴，不雕不琢，让人感觉到清新、简朴的美。人们更加喜爱乡土和自然风格。

在家居装修中主要表现为尊重民间的传统习惯、风土人情，保持民间特色，注意运用地方建筑材料或利用当地的传说故事等作为装饰的主题。这样可使室内景观丰富多彩，妙趣横生。例如采用较暗的灯光，墙上挂着鱼叉、鱼网和船桨，天棚用的是一艘底儿朝天的小木船，置身其中，仿佛来到渔村，有一种特有的幽静和温情。大城市生活的紧张、拥挤和环境污染，使人们产生厌倦，向往能享受更多阳光、空气、鸟语花香的环境。

二、常见的主题餐厅模式

餐饮业越发达，食客们也就越挑剔。为了满足食客们日新月异的要求，美食的花样不断翻新，餐厅的形式也千姿百态。主题餐厅就是商家在激烈的市场竞争中为了争取更多食客的“眼球”和“嘴巴”而独辟蹊径的一种创新。它往往围绕一个特定的主题对餐厅进行装饰，甚至食品也与主题相配合，为顾客营造出一种或温馨或神秘，或怀旧或热烈的气氛，千姿百态，主题纷呈，让顾客在某种情景体验中找到进餐的全新感觉。

1. 怀旧复古型主题

用历史上的某一时期、某一事件作为主题吸引，如开封的“仿宋宴”、曲阜的“孔府宴”

等，还可以用文学作品中的历史事件作为主题吸引顾客，如湖南常德的“梁山寨酒家”和扬州宾馆的“红楼厅”就属此例。

2. 娱乐休闲型主题

休闲生活的普及、物质条件的提高、消费意识的觉醒，为休闲主题餐饮的产生准备了客观条件；而现代人精神压力的增加，寻求精神上的解脱与放松，则是休闲餐厅产生的主观条件。餐厅可借助慵懒的音乐、随意的环境、休闲的餐具、淡雅的色彩营造一种无所不在的休闲气息。休闲餐饮的出现，赋予了餐厅新的功能，使其日益成为社会交际、休闲娱乐的舞台，如商业洽谈、朋友聚会、公司非正式聚会等。这种全新的经营理念为餐厅带来新的发展契机，也推动了社会的进步。

3. 农家型主题

在回归自然成为新世纪主导需求之一的今天，一批“农字号”的回归主题餐饮应运而生。紧张的生活节奏、冷漠的人情世故，使得现代人对那种“比邻而居”“鸡犬相闻”“互帮互助”的淳朴民风怀有强烈的好奇，十分渴望富有生活气息、田园气息的农家生活。

可见，餐厅环境的审美形式是功能、结构、艺术相结合的产物，它总是受物质方面（材料和结构艺术）和精神方面（心理活动和审美情绪）因素的影响。一个餐厅环境的设计除了要美观又要实用，还要考虑餐厅定位，重视其鲜明的时代感，新颖多变的立体文化，独特的民族特色，浓郁的地方色彩等精神功能因素。餐厅定位后通过它的空间形体尺度组合，材质质感，色调韵律，灯光照明及特性装饰来构成一个丰富多彩的餐厅环境体系（图6–2）。

图6-2

第三节 筵席展台设计

筵席是烹饪艺术的最高表现形式，审美的最佳效应常常体现在筵席设计和饮食环境上。筵席由各种菜点组成，但是筵席展台的设计，却又不同于一般的筵席，更不是菜点的罗列和堆砌，作为一个整体，一个系统，它有着自身的规律，有着自己独立的审美追求和艺术表现形式。

一、设计原则

筵席展台的设计应该体现出整体美。单个菜肴的成功不等同于筵席的成功。成功的筵席必须在整体的统一上给人留下美感。这种整体美表现在：一是以菜点的美为主体；二是由筵席菜单构成的菜点之间的有机统一形成的整体美，这是人们衡量筵席质量的最重要标准。但宴席展台设计还应与主题相适应，包括环境、灯光、音乐、席面摆设、餐具、服务规范等在内的综合性美感。

1. 目的性原则

筵席展台之所以不同于一般的筵席，主要体现在展台策划起始于展览目标的选择，落实于展览目标的实现，体现在每一个设计的细节。通常筵席往往只注重菜品本身和节奏，而筵席展台往往都是有一定的主题，设计好坏也不在于花钱多少，不在于是否符合艺术标准，而在于展台能否体现参展企业的形象、风格和意图，能否吸引参观者的注意。

2. 艺术性原则

有研究表明，在充满竞争的、五光十色的展台环境中，观众对展台的第一眼最关键——能否吸引参观者注意，并产生兴趣，走进产品，进而认可产品。因此展品决不是把酒店好的产品拿出来简单地拼凑，筵席展台设计应当有艺术性，需要用艺术手法去组合多种因素，比如人间情感、自然科学、社会信息、审美情趣等。这样才能创造出既有独特艺术风格又能表现艺术个性的展台环境。

3. 文化导向原则

筵席展台往往都是围绕一定的主题来展开的，它不仅仅只是一个促成购买的经济活动，而应当是富有文化内涵的商业卖点，蕴涵丰富的主题文化特色。而文化是一个相当宽泛的概念，筵席展台所展示的文化并非要求企业展现所有的文化，那样泛泛概念上的文化反而会削弱主题的竞争力和吸引力，关键在于文化的独特性、唯一性和对口性。寻找文化，挖掘文化，设计文化，制作文化产品和服务，应是筵席展台设计者最重要、最具体、最花心思和精力的大事。筵席展台往往围绕一个特定的主题对展台进行装饰，甚至食品也与主题相配合，为顾客营造出一种或温馨或神秘，或怀旧或热烈的气氛，千姿百态，主题纷呈，让顾客在某种情景体验中找到企业的文化内涵及经营特色。

二、设计要求

1. 主题明确、和谐

筵席展台是由很多因素，包括布局、照明、色彩、展品、展架、展具等组成的，好的设计是将这些因素组合成一体，完美地呈现主题。一方面就是抓住焦点，通过位置、布置、灯光等手段突出重点，不杂乱无章，同时展品的选择和摆设要有代表性，与展出目标和展出内容无关的设计装饰应减少到最低程度，简洁、明快是吸引观众的最好办法另一方面就是使用合适的色彩和布置手法，用协调一致的方式以造成统一的印象，能够吸引注意，明确传达信息，达到展出目的。

2. 要以人为本

筵席展台设计首先要考虑人，主要是目标观众的目的、情绪、兴趣、观点、反应等因素。从目标观众的角度进行设计，容易引起目标观众的注意、共鸣，并为目标观众留下比较深的印象。其次要注重展台面积和空间的运用，充分考虑展台工作人员数量和参观者数量及人流安排。拥挤的展台效果不好，还会使一些目标观众失去兴趣，反过来空荡的展台也会有相同的效果。

3. 兼顾美观与实用

展台设计时，要全面周到，既要考虑菜品的制作和保质时间，在降低反复制作成本的同时保证展出质量，又要考虑展台结构应当简单，在规定时间内方便装拆。最后还要弄清楚预算标准，在预算内做好设计工作，控制开支。

由此可见，筵席展台设计更重要的是能够充分完成和体现筵席的目的和主旨。由于筵席的种类不同，要求不同，主题不同，规格不同，对象不同，价格不同，所以要根据这些不同做出不同的设计和安排，精心编排菜单，一切都要围绕筵席的目的和主旨服务，使之成为一个完整的统一体。设计整桌筵席时，我们不能仅仅考虑菜肴本身的美味，而要兼顾到菜肴与菜肴之间有可能产生的附加功能和结构功能。例如，筵席中的莲子羹，就不同于一般意义上的点心，它既是对筵席口味上的调节和气氛的渲染，又体现出筵席的风格、等级等。因此，在筵席的整体结构中，菜肴应该是多样的，多样才能多彩，才能有变化；同时又必须是统一的，统一于一定的风格和旨趣，给人以完整的味觉和视觉享受（图6-3）。

图 6-3　筵席展台

◎ 关键词

环境　　风格　　筵席展台

◎ 本章小结

1. 饮食环境的美化、选择和利用。
2. 餐饮环境的审美和主题餐厅。
3. 筵席展台设计的原则和要求。

■ 思考与练习

1. 饮食环境为什么关系到人们的饮食审美效果？
2. 餐饮环境风格有哪些？
3. 简单介绍以“怀旧复古型主题”的餐饮经营策略。
4. 筵席展台设计的原则和要求有哪些？

参考文献

[1] 周明扬. 烹饪工艺美术 [M]. 北京：中国纺织出版社，2008.

[2] 周文涌. 烹饪工艺美术 [M]. 北京：高等教育出版社，2004.

[3] 张菁. 烹饪工艺美术 [M]. 成都：四川大学出版社，2003.

[4] 远宏，张桂烨. 色彩 [M]. 北京：高等教育出版社，2002.

[5] 吴筱荣. 构成艺术 [M]. 北京：海洋出版社，2007.

[6] 胡玠，肖育. 设计色彩 [M]. 长沙：湖南人民出版社，2009.

[7] 罗家良. 糖艺围边 [M]. 北京：化学工业出版社. 2010.

中等职业学校烹饪专业教材简介

中等职业学校中餐烹饪与营养膳食专业教材

烹饪专业职业素养与就业指导 双色印刷
朱长征 段晓艳 主编
页 数：124页
定 价：20.00元
ISBN：9787518409815
更多精彩内容

冷菜与冷拼实训教程 彩色印刷
杨宗亮 黄 勇 主编
页 数：164页
定 价：43.00元
ISBN：9787518418244
更多精彩内容

烹饪原料教程 双色印刷
黄 勇 盛金朋 主编
页 数：268页
定 价：43.00元
ISBN：9787518419364
更多精彩内容
教学资源：

面点原料知识（第二版） 双色印刷
钱 峰 时 蓓 主编
页 数：208页
定 价：36.00元
ISBN：9787518419630
更多精彩内容
教学资源：

中国饮食文化（第二版） 双色印刷
赵建民 金洪霞 主编
页 数：220页
定 价：36.00元
ISBN：978751842561
更多精彩内容
教学资源：

中式面点技艺 彩色印刷
任昌娟 主编
页 数：184页
定 价：42.00元
ISBN：9787518430987
更多精彩内容

筵席设计与制作（第二版） 双色印刷
张 涛 吴 晶 主编
页 数：160页
定 价：36.00元
ISBN：9787518433780
更多精彩内容
教学资源：

烹饪工艺美术（第二版） 彩色印刷
刘雪峰 夏 琳 滕家华 主编
页 数：128页
定 价：36.00元
ISBN：9787518426393
更多精彩内容

餐饮成本核算（第二版） 双色印刷
刘雪峰　滕家华　主编
页　数：208页
定　价：36.00元
ISBN：9787518426386

更多精彩内容

教学资源：

烹饪化学（第二版） 双色印刷
俞　夫　主编
页　数：168页
定　价：40.00元
ISBN：9787518434176

更多精彩内容

教学资源：

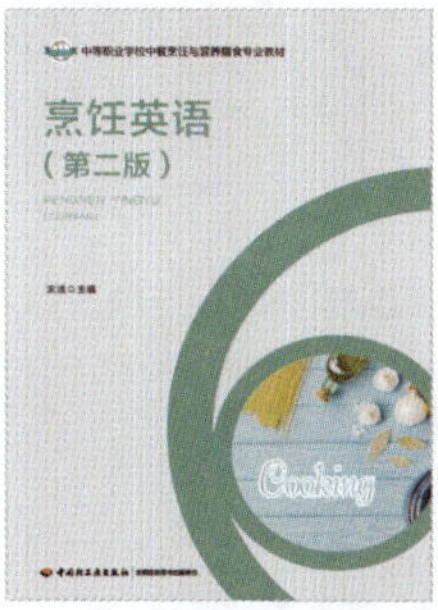

烹饪英语（第二版） 双色印刷
宋　洁　主编
页　数：208页
定　价：39.80元
ISBN：9787518429318

更多精彩内容

教学资源：

食疗保健膳食制作技术（第二版）
双色印刷
商学兵　温利军　主编
页　数：192页
定　价：36.00元
ISBN：9787518436545

更多精彩内容

现代厨房管理（第二版） 双色印刷
黄　懿　李忠华　主编
页　数：208页
定　价：36.00元
ISBN：9787518433476

更多精彩内容

中等职业学校西餐烹饪专业教材

西餐文化与礼仪 彩色印刷
王　芳　主编
页　数：120页
定　价：30.00元
ISBN：9787518409846

更多精彩内容

教学资源：

西餐烹调技术 双色印刷
李顺发　朱长征　主编
页　数：216页
定　价：37.00元
ISBN：9787518411900

更多精彩内容

西餐基础厨房 彩色印刷
王　芳　主编
页　数：176页
定　价：42.00元
ISBN：9787518412808

更多精彩内容

教学资源：

中等职业教育旅游服务类专业教材

烹饪工艺 双色印刷

李顺发 朱长征 主编

页 数：136页

定 价：24.00元

ISBN：9787501980543

更多精彩内容

教学资源：

饮食营养与卫生安全 双色印刷

朱长征 房四辈 主编

页 数：116页

定 价：18.00元

ISBN：9787501983353

更多精彩内容

教学资源：

烹饪原料知识 双色印刷

任 俊 主编

页 数：248页

定 价：32.00元

ISBN：9787501976713

更多精彩内容

烹饪原料初加工技术 双色印刷

翟昌伟 朱长征 主编

页 数：94页

定 价：18.00元

ISBN：9787501987481

更多精彩内容

面点制作技艺 双色印刷

孙长杰 钱 峰 主编

页 数：176页

定 价：23.00元

ISBN：9787501995295

更多精彩内容

花色拼盘设计与制作 彩色印刷

钱 峰 许 鑫 主编

页 数：130页

定 价：36.00元

ISBN：9787518405251

更多精彩内容

餐饮业食品安全与操作规范 双色印刷

钱 峰 李 荣 主编

页 数：152页

定 价：23.00元

ISBN：9787518406616

更多精彩内容

教学资源：